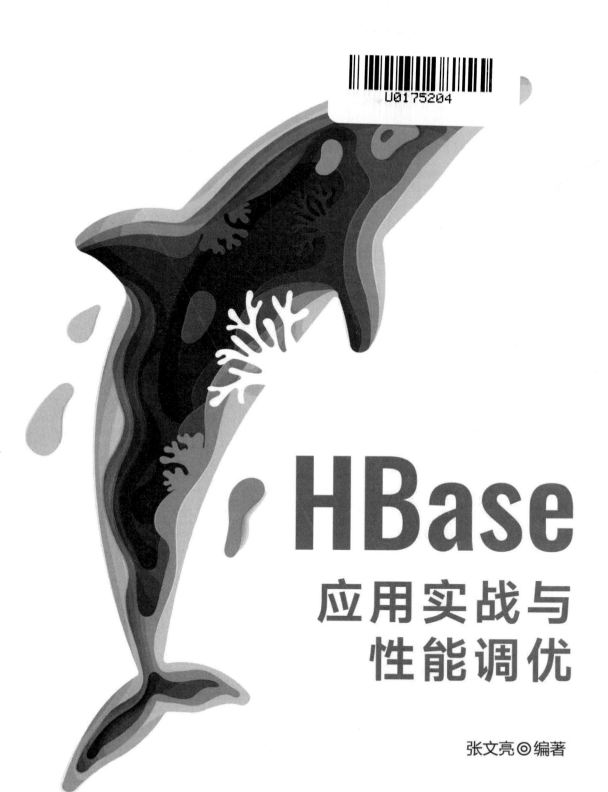

HBase

应用实战与
性能调优

张文亮◎编著

机械工业出版社
China Machine Press

图书在版编目（CIP）数据

HBase应用实战与性能调优 / 张文亮编著. --北京：机械工业出版社，2022.6
ISBN 978-7-111-70735-6

Ⅰ. ①H… Ⅱ. ①张… Ⅲ. ①计算机网络 — 信息存贮 Ⅳ. ①TP393

中国版本图书馆CIP数据核字（2022）第076391号

　　HBase 是一个高可靠性、高性能、面向列、可伸缩的分布式存储系统。利用 HBase 技术可以在廉价的 PC 服务器上搭建大规模的存储化集群，可以对数十兆亿字节的大数据进行实时性的高性能读写，在满足高性能的同时还保证了数据存取的原子性。

　　本书由浅入深地讲解 HBase 的概念、安装、配置、部署、高级用法、性能调优，内容既兼顾了初学者，也适用于想要深入学习 HBase 的读者。

　　本书适用于以前没有接触过 HBase，或者对 HBase 有所了解并希望深入学习的读者，同时适用于 HBase 应用开发人员和系统管理人员。不管你是 HBase 新手还是 HBase 专家，相信都能从本书中有所收获。

HBase 应用实战与性能调优

出版发行：机械工业出版社（北京市西城区百万庄大街 22 号　邮政编码：100037）
责任编辑：迟振春　　　　　　　　　　　　　　　　责任校对：秦山玉
印　　刷：三河市国英印务有限公司　　　　　　　　版　　次：2022 年 7 月第 1 版第 1 次印刷
开　　本：188mm×260mm　1/16　　　　　　　　　印　　张：14
书　　号：ISBN 978-7-111-70735-6　　　　　　　　定　　价：69.00 元

客服电话：（010）88361066　88379833　68326294　投稿热线：（010）88379604
华章网站：www.hzbook.com　　　　　　　　　　　读者信箱：hzjsj@hzbook.com

前　言

Hadoop 生态系统的 HDFS 和 MapReduce 分别为大数据提供存储和分析处理能力，但是对在线实时的数据存取则爱莫能助，而 HBase 弥补了 Hadoop 的这一缺陷，满足了在线实时系统低延时的需求。本书以精练的语言介绍 HBase 的基础知识，让初学者能够快速上手使用 HBase。如果你的系统里没有合适的环境，如果你想快速了解 HBase 能干什么，如果你是想知道怎么搭建 HBase 的运维人员，如果你想快速地使用 Java 调用 HBase，那么这本书都能帮到你。

这本书可能不是很全面，但是包含了业务中的大部分应用场景。对于没有深入研究过 HBase 的读者来说，通过本书不仅能快速、高效地解决业务问题，还能站在运维的角度来优化自己的 HBase 数据库。此外，本书还提供了与 HBase 内部工作原理相关的基本信息和必要解释。读者越是了解 HBase 的工作原理，就越能对工程中所涉及的权衡做出合理的决定。

本书的资源文件可以登录机械工业出版社华章公司的网站（www.hzbook.com）下载，方法是：搜索到本书，然后在页面上的"下载资源"模块下载即可。如果下载有问题，请发送电子邮件至 booksaga@126.com，邮件主题为"HBase 应用实战与性能调优"。如果读者有兴趣，也可以加入 QQ 技术交流群（850809124）参与讨论。

最后，感谢各位读者选择本书，希望本书能对读者的学习有所助益。虽然我们对书中所述内容都尽量核实并多次进行文字校对，但因时间紧张，加之水平有限，书中难免有疏漏和错误之处，敬请广大读者批评指正。我会努力地采纳大家的意见，争取不断地完善此书，以此来回报大家对本书的支持。

编　者
2022 年 3 月

目　录

第1章

大数据时代的必然产物——HBase

本章主要内容：

- HBase 的发展历程
- HBase 的特征
- HBase 的优缺点
- HBase 与关系数据库的区别
- 使用 HBase 的时机
- HBase 的应用场景
- HBase 的数据模型
- HBase 的逻辑视图

在 Hadoop 系统框架中，HDFS 是分布式文件系统，HBase 是存储数据的数据库，这两者之间的关联非常紧密。HBase 使用 HDFS 实现分布式数据存储，因而 HBase 对于分布式数据存储的重要性不言而喻。本章的主要目的是让读者对 HBase 有一个初步的认识。

1.1　HBase 的发展历程

传统的数据处理主要使用关系数据库（MySQL、Oracle 等）来完成，不过关系数据库在面对大规模的数据存储时明显力不从心。比如，在有关高并发操作和海量数据统计运算的应用中，关系数据库的性能就明显下降。

大数据时代的数据规模大、增长快、格式多样，因此传统的关系数据库已经不能适应新的需求。在这样的背景下，非关系数据库开始成为主流的选择。为了更大地拓展数据库的存储潜力，谷歌（Google）公司首先研发了 BigTable，这就是 HBase 的原型。

HBase 是用 Java 编程语言实现的一个开源的非关系型分布式数据库，它参考了谷歌的 BigTable

数据建模白皮书。HBase 是 Apache 软件基金会的 Hadoop 项目的一部分，运行于 HDFS 之上，为 Hadoop 提供类似于 BigTable 规模的服务。因此，它能以容错方式存储海量的稀疏数据（注：稀疏数据是指数据库中的二维表内含有大量空值的数据）。HBase 是一个高可靠、高性能、面向列、可伸缩的分布式数据库，主要用来存储非结构化和半结构化的松散数据，设计它的目的就是用于处理非常庞大的表——通过水平扩展的方式，用计算机集群就可以处理由超过 10 亿行数据和数百万列元素所组成的数据表。HBase 有许多功能支持线性和模块化扩展。HBase 集群通过添加托管在商用服务器上的 RegionServer 进行扩展。例如，一个集群从 10 台 RegionServer 扩展到 20 台，它的存储和处理能力都会翻倍。

以下是 HBase 的发展历程：

- 2006 年谷歌公司发表 BigTable 白皮书。
- 2006 年开始开发 HBase。
- 2008 年 HBase 成为 Hadoop 的子项目，刚开始它只是 Hadoop 的一部分。
- 2010 年 HBase 成为 Apache 的顶级项目。HBase 几乎实现了 BigTable 的所有特性。

1.2　HBase 的特征

HBase 有如下几个重要特征：

1）强一致性：HBase 具有读写强一致性的特征，但 HBase 的数据存储不是采用"最终一致性"的，所以它非常适用于高效计算、聚合之类的任务。

2）Hadoop 集成：HBase 支持开箱即用的 HDFS 作为其分布式文件系统。

3）故障转移：HBase 支持自动的 RegionServer 故障转移。

4）自动分片：HBase 中的表通过 Region 分布在集群上，而且 Region 会随着数据的增长自动拆分和重新分布。

5）并行处理：HBase 支持通过 MapReduce 进行大规模并行处理，将 HBase 用作源和接收器。

6）块缓存和布隆过滤器：HBase 支持用于大容量查询优化的块缓存和布隆过滤器。

7）多种语言的 API：HBase 支持使用 Java 的 API 来编程进行数据的存取，还支持使用 Thrift 语言和 REST 语言的 API 来编程进行数据的存取。

1.3　HBase 的优缺点

1.3.1　HBase 的优点

作为一种数据存储产品，自然具有优点和缺点。下面是 HBase 的优点：

- 在传统的关系数据库中，如果数据结构发生了变化，就需要停机维护，而且需要修改表结构，而在 HBase 中数据表内的列可以做到动态增加，并且列为空的时候不存储数据，从而节省存储空间。

- HBase 适合存储 PB 数量级的海量数据，PB 级的数据在只采用廉价 PC 来存储的情况下，也可以在几十到一百毫秒内返回数据。这与 HBase 的极易扩展息息相关，正因如此，HBase 为海量数据的存储提供了便利。
- 传统的通用关系数据库无法应对在数据规模剧增时导致的系统扩展性问题和性能问题。HBase 可以做到自动切分数据，并且会随着数据的增长自动地拆分和重新分布。
- HBase 可以提供高并发的读写操作，而且可以利用廉价的计算机来处理超过 10 亿行的表数据。
- HBase 具有可伸缩性，如果当前集群的处理能力明显下降，可以增加集群的服务器数量来维持甚至提高处理能力。

1.3.2　HBase 的缺点

上述是 HBase 的优点，对于一名优秀的开发者而言，不仅需要知道待选择产品的优点，还需要知道其缺点，唯有如此才能在技术选型时根据不同的业务选择出合适的产品。以下是 HBase 的缺点：

- 不能支持条件查询，只支持按照 RowKey（行键）来查询，也就是只能按照主键来查询。这样在设计 RowKey 时，就需要完美的方案以设计出符合业务的查询。
- HBase 不能支持 Master（主）服务器的故障切换，当 Master 宕机后，整个存储系统就会挂掉，不能提供正常的服务。
- 查询 HBase 时不支持通过 SQL 语句进行查询。

1.4　HBase 与关系数据库的区别

本节从下面 6 点介绍 HBase 和关系数据库的区别。

1）数据类型：关系数据库采用关系模型，具有丰富的数据类型和存储方式；HBase 采用了更加简单的数据模型，它把数据存储为未经解释的字符串。

2）数据操作：关系数据库中包含了丰富的操作，其中包含了复杂的多表连接等；HBase 操作不存在复杂的表与表之间的关系，只有简单的插入、查询、删除、清空等，因为 HBase 在设计上就避免了复杂的表和表之间的关系。

3）存储模式：关系数据库是基于行模式存储的；HBase 是基于列模式存储的，每个列族都由几个文件保存，不同列族的文件是分离的。

4）数据索引：关系数据库通常可以针对不同列构建复杂的多个索引，以提高数据的访问性能；HBase 只有一个索引，通过巧妙的 RowKey 设计，HBase 中的所有访问方法，或者通过 RowKey 访问，或者通过 RowKey 扫描，使得整个系统的运行速度不会减慢。

5）数据维护：在关系数据库中，更新操作会用最新的当前值去替换记录中原来的旧值，旧值被覆盖后就不存在了；在 HBase 中执行更新操作时，并不会删除旧值，而是生成一个新值，旧值仍然保留。

6）可伸缩性：关系数据库很难实现横向扩展，纵向扩展的空间也比较有限；HBase 是为了实现灵活的水平扩展而开发的，所以能够通过在集群中增加或者减少硬件数量的方式轻松实现性能的伸缩。

1.5　使用 HBase 的时机

Hadoop 是高性能、高稳定、可管理的大数据应用平台。Hadoop 实现了一个分布式文件系统（Hadoop Distributed File System，HDFS）。HDFS 具有高容错性，被设计部署在低廉的硬件上，为应用程序访问数据提供了高吞吐量，因而适用于那些有着超大数据集的应用程序。HBase 的存储是基于 Hadoop 的。HBase 具有超强的扩展性和大吞吐量，采用的存储方式为 Key-Value（键-值）方式，故而即使数据量增大也几乎不会导致查询性能的下降。当然，我们也需要注意 HBase 的缺点——数据分析是 HBase 的弱项，因为 HBase 不支持表关联，所以当我们想实现 group by 或者 order by 时，需要编写很多的代码来实现 MapReduce。正因为如此，我们才需要更合理地使用 HBase。下面是笔者根据自己的工作经验给出的一些使用 HBase 的建议，希望这些建议对于读者的技术选型有所助益。

1）数据量超千万，可以选择使用 HBase。
一般而言，如果单表的数据量只有百万的数量级或者更少，则不建议使用 HBase，而应该考虑关系数据库是否能够满足应用的需求；如果单表数据量超过千万或者有十亿、百亿的数量级，并且伴有较高并发的存取应用，则可以考虑使用 HBase，这样可以充分利用分布式存储系统的优势。
2）数据分析需求不多，可以选择使用 HBase。
虽然说 HBase 是一个面向列的数据库，但是它与真正的列式存储系统（比如 Parquet、Kudu 等）又有所区别，再加上自身存储架构的设计，使得 HBase 并不擅长做数据分析。所以如果业务需求是为了做数据分析，比如做报表，那么不建议使用 HBase。
3）实时根据主键查询，可以选择使用 HBase。
HBase 是一个 Key-Value 数据库，默认对 RowKey 做了索引优化，所以即使数据量非常庞大，根据 RowKey 查询的效率也会很高。但是，如果还需要根据其他条件进行查询，则不建议使用 HBase。
4）多表连接查询，不建议使用 HBase。
HBase 是 NoSQL 产品中的一种，它也具有 NoSQL 的缺点，就是不能进行连表查询等操作，也就是说，如果业务场景是需要事务支持、复杂的关联查询，则不建议使用 HBase。

1.6　HBase 的应用场景

发展至今，HBase 已经广泛地应用于各行各业中了，如图 1-1 所示。

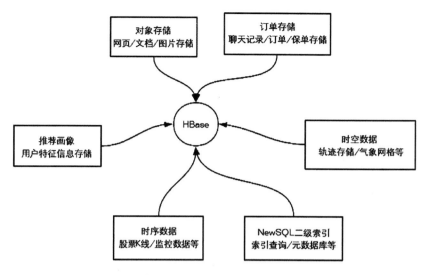

图 1-1　HBase 的应用场景

下面列举三个 HBase 的应用场景。

场景一：订单查询

当订单数据量超过千万且需要快速对历史订单进行查询时，完全可以使用 HBase。在相关应用程序中，通过调用公共 SDK 接口，把数据写入 MQ 中，然后通过异步写入方式让 MQ 的消费方（Consumer）把数据存储到 HBase 中，如图 1-2 所示。

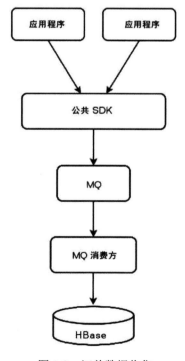

图 1-2　订单数据收集

在写入数据到 MQ 时，如果有必要，则可以把数据同时写入 Redis 中，并且设置过期时间。这样在查询时，先到 Redis 中进行查询，如果在 Redis 中查询不到，则在 HBase 中查询，如图 1-3 所示。

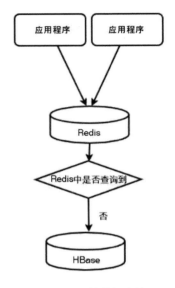

图 1-3　订单数据查询

场景二：乘客的运动轨迹

在现在的生活中，打车变得非常方便，只需打开打车 APP 就可以高效地打到车，面对海量的乘客的运动轨迹，只要给定其 ID，即可查询其运动轨迹（注意，企业在使用这些具有个人隐私信息的时候要符合所在国家或地区的法律，例如用户授权与否、使用范围等）。对于这样的需求，选择 HBase 无疑是一种非常好的方案。把出租车轨迹和快车轨迹数据依次通过 Kafka 和 Storm，最终写入 HBase 中，然后提供给客服、运营等业务进行使用，如图 1-4 所示。

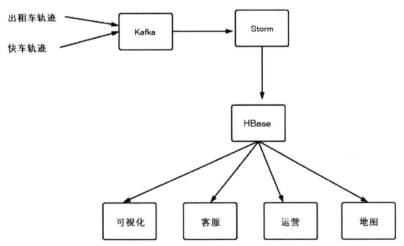

图 1-4　乘客的运动轨迹

场景三：监控数据

在当下的互联网时代，我们的业务或者程序会有大量的数据需要进行监控。为了实现对这些海量数据进行监控并且提供快速的查询，把这些监控数据存储在 HBase 中是一个很不错的选择。把每日的监控数据汇聚到 HBase 中，然后用户通过 Phoenix 对数据进行查询，并展示在 Web 中，如图 1-5 所示。

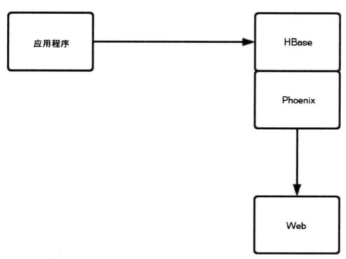

图 1-5　HBase 存储监控数据

除了上述这些案例之外，HBase 还有如下一些应用领域：

1）交通：船舶 GPS 信息。
2）金融：消费信息、贷款信息、信用卡还款信息等。
3）电商：电商网站的交易信息、物流信息、浏览信息等。

1.7　HBase 的数据模型

HBase 的数据模型主要包含以下几个重要概念。

- Name Space（命名空间）
- Region（区域）
- Column（列）
- Column Family（列族）
- Row（行）
- Time Stamp（时间戳）
- Cell（存储单元）

下面将逐一介绍这些概念以及它们在 HBase 中的意义。

1. Name Space

Name Space 是指对一组表的逻辑分组（类似于关系数据库的数据库概念），以便于对表按业务进行划分。每个命名空间下可以有多个表。HBase 从 0.98.0、0.95.2 两个版本开始支持命名空间级别的授权操作。HBase 有两个自带的命名空间，分别是 hbase 和 default，hbase 命名空间中存放的是 HBase 内置的表，default 命名空间中存放的是用户使用的默认命名空间的表。

2. Region

Region 类似于关系数据库的表的概念。不同的是，HBase 定义表时只需要声明列族即可，不需要声明具体的列。这意味着，向 HBase 写入数据时，字段可以动态、按需指定。因此，与关系数据库相比，HBase 能更加轻松地应对字段需要变更的应用场合。

HBase 中的表一般拥有一个到多个 Region。当数据量不多时，一个 Region 足以存储所有数据。当数据量大时，HBase 会拆分 Region，并且当 HBase 在进行负载均衡时，也有可能会从一台 RegionServer 上把 Region 移动到另一台 RegionServer 上。

3. Column

HBase 中基本的存储单位是列，一个列或者多个列形成一行。每个列都由列族和列限定符（Column Qualifier）进行限定，例如 info:name、info:age。在创建表时，只需指定列族，而无须预先定义列限定符。一个行可以有三个列，而在另一个行中可以插入四个列的数据，也就是说，对于不同的行，列可以完全不一样。

4. Column Family

在 HBase 中可以插入不同的行数据，其中列族起到了非常重要的作用。在 HBase 中，一列或者多个列可以组成一个列族。用户在创建表时不需要指定列，因为列是可以改变的，需要指定的是列族。一个表有几个列族是一开始就指定好了的。列必须依赖列族而存在，一个没有列族的表是没有意义的。不过官方的建议是：一个表中不可有太多的列族，列族越少越好。在 HBase 中一个列的名称前面总是带着它所属的列族，列名称的规范格式为"列族:列名"，比如 info1:age、info1:name、info2:age、info2:name。列族具有如下几个特点：

1）列族必须在创建表的时候定义。

2）给表指定好了列族之后无法再修改。

3）每个列族中的列数是没有限制的。

4）同一列族下的所有列会保存在一起。

5）列在列族中是有序的。

在实际应用中，列族的控制权限能帮助管理不同类型的应用，例如一些应用允许添加新的基本数据、一些应用只允许浏览数据。需要特别注意的是，如果表中包含两个列族，那么属于两个列族的文件保存在相同的节点上，每一列族都会保存在自己的文件集合中。在列族中检索某列是顺序进行的 I/O 操作。

5. Row

HBase 表中每一行的数据都是由一个 RowKey 和多个 Column 组成，而且数据是按照 RowKey 的字典顺序进行存储的，查询数据时只能根据 RowKey 进行检索，由此可见 RowKey 的设计十分重要。图 1-6 所示是 HBase 数据存储结构。

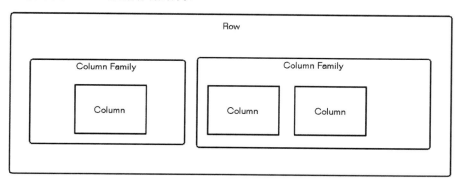

图 1-6　HBase 数据存储结构

（1）RowKey 简介

HBase 是一个 NoSQL 数据库，它提供的主要操作就是增加、删除、修改、查询（简称增删改查）。在增删改查的过程中 RowKey 充当了主键的作用，它和众多的 NoSQL 数据库一样，可以唯一地标识一行记录。

RowKey 可以是任意字符串，在 HBase 内部，RowKey 保存为字节数组。存储时，数据按照 RowKey 的字典顺序存储。设计 RowKey 时，要充分利用排序存储这个特性，将经常一起读取的行存储到一起。

（2）RowKey 的特点

RowKey 具有如下几个特点：

1）RowKey 类似于主键，可以唯一地标识一行记录。如果将数据插入 HBase 的时候不小心用了之前已经存在的 RowKey，则系统会把之前存在的那一行数据更新掉，而之前已经存在的值并不会丢掉，会被放到这个单元格的历史记录里，如果需要查询这个"历史"值，只需要带上版本参数就可以找到。

2）由于数据按照 RowKey 的字典顺序存储，因此 HBase 中的数据永远都是有序的。

3）HBase 在读写数据时需要通过 RowKey 找到对应的 Region。在 HBase 中，一个 Region 就相当于一个数据分片，每个 Region 都有起始 RowKey 和结束 RowKey，HBase 表中的数据是按照 RowKey 来分散存储到不同 Region 中。所以在 HBase 中想要提高查询速度，就需要设计出优秀的 RowKey，RowKey 越完美，HBase 的效率就越高。

6. Time Stamp

Time Stamp 用于标识数据的不同版本号（Version），每条数据写入时，如果不指定时间戳，系统会自动为其添加该字段，该字段的值即为数据写入 HBase 的时间。

7. Cell

列是 HBase 的最基本单位，一个列上可以存储多个版本的值，多个版本的值被存储在多个 Cell 中，多个版本之间用版本号来区分。所以，确定一条数据查询结果的表达式是"行键:列族:列:版本号"（RowKey:Column Family:Column:Version）。但是，在大部分查询中，版本号是可以省略的，不写版本号，HBase 会默认获取最后一个版本的数据。完整的 HBase 数据存储结构图如图 1-7 所示。

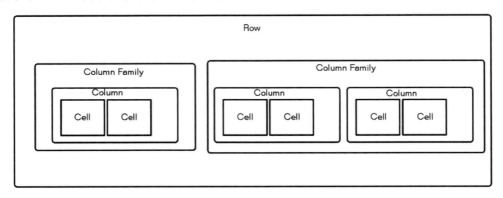

图 1-7　HBase 数据存储结构

1.8　HBase 的逻辑视图

为了更好地理解 1.7 节中的一些概念，本节将讲解 HBase 的逻辑视图。

如表 1-1 所示，这是表 test 的数据在 HBase 中存储的逻辑视图。

表1-1　表test的存储逻辑视图

RowKey	Time Stamp	ColumnFamily（info）	ColumnFamiy（people）
"rowkey1"	ts1		
"rowkey1"	ts2		
"rowkey1"	ts3	info:text = "…"	
"rowkey1"	ts4	info:text = "…"	
"rowkey1"	ts5	info:text = "…"	
"rowkey2"	Ts3	info:text = "…"	people:info = "clay"

从表中可以看出，表 test 中有两个列族，一个列族名为 info，一个列族名为 people。此表中当前只包含了两行数据：一行数据的 RowKey 值是 rowkey1，而且此行数据总共有 5 个版本，因为 rowkey1 的行数据有 5 个时间戳；另一行数据的 RowKey 值是 rowkey2，此行数据只有 1 个版本。

第2章

HBase 基本架构与快速入门

本章主要内容：

- HBase 基本架构
- HBase 分布式环境搭建
- HBase 容器化技术搭建
- HBase 快速入门

为了更好地学习 HBase，首先需要安装 HBase。本章主要介绍 HBase 基本架构中的一些基本概念以及如何搭建 HBase 数据库环境。

2.1　HBase 基本架构

下面将介绍 HBase 基本架构中涉及的一些概念，如图 2-1 所示。

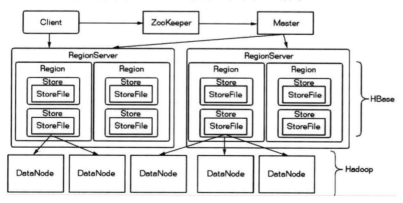

图 2-1　HBase 基本架构

从图 2-1 中可以看出，HBase 中有几个重要角色，分别是：

1）Client（客户端）
2）RegionServer（区域服务器）
3）Master（主服务器）
4）ZooKeeper
5）HDFS（Hadoop 分布式文件系统）

接下来逐一介绍这些角色。

1. Client

Client 不仅提供了访问 HBase 的接口，还维护对应的 Cache（缓存）来加快对 HBase 的访问。Client 维护的缓存主要是缓存 Region 的位置信息。

2. RegionServer

RegionServer 为 Region 的管理者，部署在一台物理服务器上。一般一个 HBase 集群有一个 Master 服务器和几个 RegionServer 服务器。Master 服务器负责维护表结构信息，RegionServer 服务器则负责存储数据。当客户端从 ZooKeeper 获取 RegionServer 的地址后，会直接从 RegionServer 获取数据。RegionServer 的主要功能如下：

1）维护 Region，处理对 Region 的 I/O（输入/输出）请求。
2）负责切分在运行过程中变得过大的 Region，并重新对 Region 进行分配。
3）对表数据进行增加、修改、删除操作。

3. Master

Master 是所有 RegionServer 的管理者。Master 负责各种协调工作，对表架构进行创建、修改、删除等操作，还负责把 Region 分配到每个 RegionServer 上，以及监控每个 RegionServer 的状态。在 HBase 中，即使 Master 宕机了，集群依然可以正常地运行，客户端依然可以存储和删除数据或进行数据查询，只是不能进行创建表的操作，如图 2-2 所示。

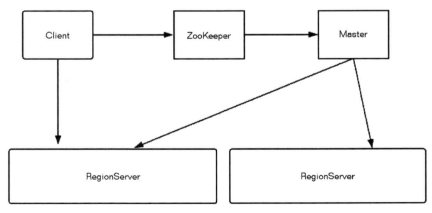

图 2-2　HBase 基本架构中的 Master

Master 的主要功能如下：

1）为 RegionServer 分配 Region。

2）负责 RegionServer 的负载均衡。

3）发现失效的 RegionServer 并重新分配其上的 Region。

4）管理用户对表架构的增删改查操作。

4. ZooKeeper

ZooKeeper 是一个开放源码的分布式应用程序协调服务，是谷歌公司 Chubby 的一个开源的实现，是 Hadoop 和 HBase 的重要组件。它是一个为分布式应用提供一致性服务的软件，提供的功能包括：配置维护、域名服务、分布式同步、组服务等。

在 HBase 中通过 ZooKeeper 来做 Master 的高可用、RegionServer 的监控以及集群配置的维护等工作。在生产环境中，为了防止 ZooKeeper 单节点宕机问题的发生，ZooKeeper 也是以多节点集群的方式参与在 HBase 架构中，如图 2-3 所示。

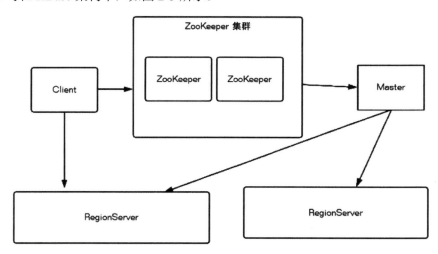

图 2-3　HBase 基本架构中的 ZooKeeper 集群

ZooKeeper 在 HBase 中的主要功能如下：

1）ZooKeeper 解决 Master 的单点故障问题。

2）HBase 管理 ZooKeeper 实例，比如，启动或者停止 ZooKeeper。

3）存储所有 Region 的寻址入口。

4）实时监控 RegionServer 的上线和下线信息，并实时通知给 Master。

5. HDFS

HDFS 为 HBase 提供最终的底层数据存储服务，同时为 HBase 提供高可用的支持，如图 2-4 所示。

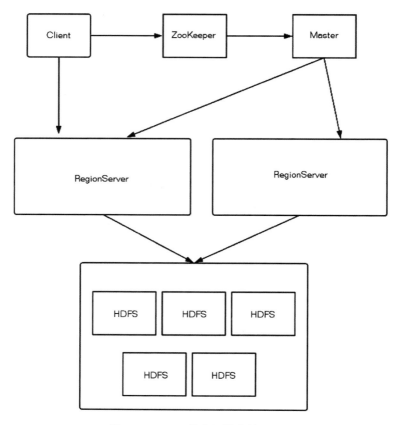

图 2-4　HBase 基本架构中的 HDFS

2.2　HBase 分布式环境搭建

上一节介绍了 HBase 的基础架构，本节主要介绍如何安装 HBase。由于 HBase 依赖于 Hadoop 和 ZooKeeper，因此需要先安装好 Hadoop 和 ZooKeeper，然后在 HBase 官网中下载 HBase 安装包进行安装。

以下是学习环境的相关信息：

1）操作系统是 CentOS 7.5。总共 3 台服务器，IP 地址分别是 192.168.3.101、192.168.3.102、192.168.3.103。

2）每台机器的内存为 8GB，建议最好配置 8GB 以上的内存容量。

3）每台机器的硬盘存储空间至少配置为 60GB，根据实际情况而定。

4）JDK 版本为 Oracle JDK 1.8。

2.2.1　设置服务器名称

为了方便配置，以及防止因服务器地址发生改变而重新修改配置文件，需要先给服务器配置服务名称。以下是 IP 地址和服务名称的对应关系：

```
192.168.3.101:hadoop101
192.168.3.102:hadoop102
192.168.3.103:hadoop103
```

1. 设置服务名称

以 192.168.3.101 为例，设置该服务器的服务名称为 hadoop101。首先通过 xshell 工具登录到 IP 地址为 192.168.3.101 的服务器，然后执行下面的命令来设置服务器名称。

```
#设置服务器名称
vim /etc/hostname
#查看当前服务器的名称
cat /etc/hostname
```

两台服务器的设置方式相同。

2. 设置映射关系

为了方便各个节点可以通过服务器名称相互通信，需要为每一台服务器设置对应的映射关系。执行如下命令：

```
#设置服务器映射关系
vim /etc/hosts
```

输入的映射信息如下：

```
192.168.3.101 hadoop101
192.168.3.102 hadoop102
192.168.3.103 hadoop103
```

2.2.2　Hadoop 单机安装

在安装 Hadoop 环境之前，我们先创建一个用户，并且让此用户具有 root 操作的权限，然后安装 Java JDK，最后再安装 Hadoop。

1. 创建用户

创建用户的相关命令如下：

```
#创建用户
useradd 用户名
#为用户设置密码
passwd 密码
```

范例如下：

```
[root@hadoop101/]#useradd clay          //创建名为 clay 的用户
[root@hadoop101/]#passwd clay           //为用户 clay 创建密码
Changing password for user clay.
New password:                           //输入密码
BAD PASSWORD: The password is shorter than 8 characters
Retype new password:                    //再次输入密码
passwd: all authentication tokens are updated successfully.
[root@hadoop101/]#su clay               //切换到 clay 用户
```

2. 设置用户拥有 root 权限

设置 clay 用户具有 root 权限，以方便后期添加 sudo 执行 root 权限的命令。执行如下命令：

```
vim /etc/sudoers
```

执行上面的代码修改/etc/sudoers 文件，在"%wheel"行下面添加一行语句，如下所示：

```
\##Allow root to run any commands anywhere
root ALL=(ALL) ALL
\##Allows people in group wheel to run all commands
%wheel  ALL=(ALL) ALL
clay ALL=(ALL) NOPASSWD:ALL
```

需要注意的是，"clay ALL"行不要直接放到"root ALL"行下面，因为所有用户都属于 wheel 组，如果先配置了 clay 具有免密登录功能，程序执行到"%wheel"行时，该功能会被覆盖掉而回到需要密码。因此，"clay ALL"行要放到"%wheel"行下面。

3. 安装 Java JDK

因为 Hadoop 是依赖于 Java 环境的，所以首先安装 Java JDK。

（1）下载 Java JDK 安装包

步骤 01 进入 Java 官网，选择对应的 JDK 版本，如图 2-5 所示。

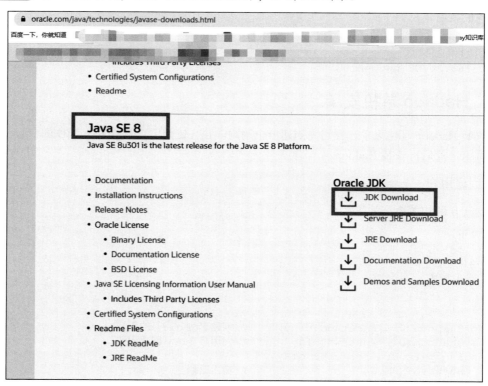

图 2-5　Java JDK 下载界面

步骤 **02** 单击 JDK Download 按钮，根据实际情况选择对应系统的安装包，如图 2-6 所示。

Product / File Description	File Size	Download
Linux ARM 64 RPM Package	59.15 MB	jdk-8u301-linux-aarch64.rpm
Linux ARM 64 Compressed Archive	70.84 MB	jdk-8u301-linux-aarch64.tar.gz
Linux ARM 32 Hard Float ABI	73.55 MB	jdk-8u301-linux-arm32-vfp-hflt.tar.gz
Linux x86 RPM Package	109.49 MB	jdk-8u301-linux-i586.rpm
Linux x86 Compressed Archive	138.48 MB	jdk-8u301-linux-i586.tar.gz
Linux x64 RPM Package	109.24 MB	jdk-8u301-linux-x64.rpm
Linux x64 Compressed Archive	138.78 MB	jdk-8u301-linux-x64.tar.gz
macOS x64	197.26 MB	jdk-8u301-macosx-x64.dmg
Solaris SPARC 64-bit (SVR4 package)	133.66 MB	jdk-8u301-solaris-sparcv9.tar.Z

图 2-6　Java JDK 对应系统的安装包

步骤 **03** 选择安装程序的目录并设置相对应的权限，之后的安装操作都会在此目录中进行。在 /opt 目录下创建子目录 module 和 software，并修改目录的所有者和所属组。

范例如下：

#在/opt 目录下创建 module 和 software 子目录

[root@hadoop101~]#mkdir /opt/module

[root@hadoop101~]#mkdir /opt/software

#修改 module、software 目录的所有者和所属组均为 clay 用户

[root@hadoop101~]#chown clay:clay /opt/module

[root@hadoop101~]#chown clay:clay /opt/software

上述准备工作完成后，开始安装 Java JDK。需要特别注意的是，后续所有的操作都选择使用前面创建的 clay 用户来进行。

（2）上传并解压安装包

步骤 **01** 通过 xftp 等工具上传已经下载好的 Java JDK 安装包，并把安装包上传到/opt/software/ 目录中。

步骤 **02** 解压 Java JDK 安装包，执行如下命令：

```
#切换到 Java JDK 安装包所在目录
cd /opt/software/
#解压安装包
tar -zxvf jdk-8u301-linux-x64.tar.gz -C /opt/module/
```

范例如下：

[root@hadoop101/]#su clay　　　　　　　　　//切换到 clay 用户

```
[clay@hadoop101/]$ cd /opt/software/   //切换到安装程序包所在的目录
[clay@hadoop101 software]$ tar -zxvf jdk-8u301-linux-x64.tar.gz -C
/opt/module/                                      //解压安装包
```

（3）配置环境变量

步骤01 通过 clay 用户执行下面的命令进行环境变量的配置：

```
sudo vim /etc/profile.d/my_env.sh
```

步骤02 在文件中添加如下变量：

```
#JAVA_HOME
export JAVA_HOME=/opt/module/jdk1.8.0_73
export PATH=$PATH:$JAVA_HOME/bin
```

步骤03 执行下面的命令以使环境变量生效：

```
source /etc/profile
```

步骤04 执行下面的命令以检查是否设置成功：

```
java -version
```

上面命令的执行结果如图 2-7 所示时，表示 Java JDK 已经配置完成。

```
java version "1.8.0_73"
Java(TM) SE Runtime Environment (build 1.8.0_73-b02)
Java HotSpot(TM) 64-Bit Server VM (build 25.73-b02, mixed mode)
```

图 2-7　Java JDK 版本信息

4. Hadoop 安装

（1）下载安装包

步骤01 进入 Hadoop 官网，选择对应的 JDK 版本，如图 2-8 所示。

图 2-8　Hadoop 下载界面

步骤02 选择对应版本的源码发布包按钮以下载 Hadoop 安装包，如图 2-9 所示。

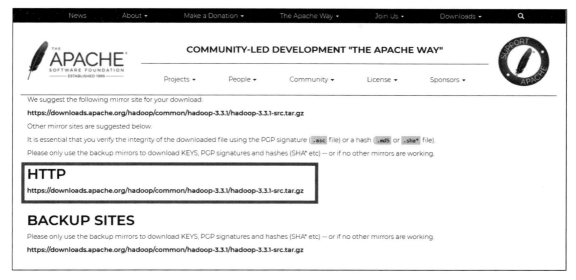

图 2-9　Hadoop 安装包下载界面

（2）上传并解压安装包

步骤01 通过 xftp 等工具上传已经下载好的 Hadoop 安装包，并把安装包上传到/opt/software/
目录中。

步骤02 解压 Hadoop 安装包，执行如下命令：

```
#切换到 Hadoop 安装包所在的目录
cd /opt/software/
#解压安装包
tar -zxvf hadoop-3.3.1-src.tar.gz -C /opt/module/
```

范例如下：

```
[root@hadoop101/]#su clay              //切换到 clay 用户
[clay@hadoop101/]$ cd /opt/software/    //切换到安装程序包所在的目录
[clay@hadoop101 software]$ tar -zxvf  hadoop-3.3.1-src.tar.gz
 -C /opt/module/                       //解压安装包
```

（3）配置环境变量

步骤01 通过 clay 用户执行下面的命令以进行环境变量的配置：

```
sudo vim /etc/profile.d/my_env.sh
```

步骤02 在文件中添加如下变量：

```
#HADOOP_HOME
export HADOOP_HOME=/opt/module/hadoop-3.3.1
export PATH=$PATH:$HADOOP_HOME/bin
export PATH=$PATH:$HADOOP_HOME/sbin
```

步骤03 执行下面的命令以使环境变量生效：

```
source /etc/profile
```

步骤 **04** 执行下面命令以检查是否设置成功：

```
hadoop-version
```

2.2.3　Hadoop 集群安装

上一节（2.2.2 节）所述的内容只是在单台服务器上安装 Hadoop，但是实际情况下都会选择运行 Hadoop 集群环境。为了快速地搭建集群以及分发成功的运行脚本，我们先创建一个集群分发文件同步脚本，为集群分发脚本设置环境变量以及为当前三台服务器设置免密登录，然后在此基础上进行 Hadoop 集群安装。

1. 创建集群分发脚本

步骤 **01** 在/home/clay 目录中创建一个文件名为 xsync 的分发脚本。相关命令如下：

```
#切换到/home/clay 目录
cd /home/clay
#创建一个名为 bin 的目录
mkdir bin
#进入 bin 目录
cd bin
#创建 xsync 文件
vim xsync
```

步骤 **02** 在 xsync 文件中写入如下脚本命令：

```
#!/bin/bash
if [ $#-lt 1 ]
then
    echo Not Enough Argument!
    exit;
fi
for host in hadoop101 hadoop102 hadoop103
do
    echo ==================== $host ====================
    for file in $@
    do
        if [ -e $file ]
        then
            pdir=$(cd -P $(dirname $file); pwd)
            fname=$(basename $file)
            ssh $host "mkdir -p $pdir"
            rsync -av $pdir/$fname $host:$pdir
        else
            echo $file does not exists!
        fi
    done
done
```

此文件的注释版本如下：

```
#!/bin/bash
#判断参数个数
if [ $#-lt 1 ]
then
```

```
    echo Not Enough Argument!
    exit;
fi
#遍历服务名为 hadoop101, hadoop102, hadoop103 的服务器
for host in hadoop101 hadoop102 hadoop103
do
    echo ==================== $host ====================
    #遍历所有目录，并且发送内容到此目录
    for file in $@
    do
        #判断文件是否存在
        if [ -e $file ]
        then
            #获取父目录
            pdir=$(cd -P $(dirname $file); pwd)
            #获取当前文件的名称
            fname=$(basename $file)
            #远程登录此服务器，并创建对应的目录
            ssh $host "mkdir -p $pdir"
            rsync -av $pdir/$fname $host:$pdir
        else
            echo $file does not exists!
        fi
    done
done
```

提　示

在 xsync 文件中尽量不要写中文，否则会因为乱码问题导致文件程序错误。

---

2. 设置分发脚本的环境变量

步骤 01 通过 clay 用户执行下面的命令以进行环境变量的配置：

```
sudo vim /etc/profile.d/my_env.sh
```

步骤 02 在文件中添加如下变量：

```
#xsync
export PATH=$PATH:/home/clay/bin
```

步骤 03 执行下面的命令以使环境变量生效：

```
source /etc/profile
```

步骤 04 执行下面的命令给分发脚本设置权限：

```
chown clay:clay /home/clay/bin/xsync
chown clay:clay /home/clay/bin/xsync
```

步骤 05 执行下面的命令，把 xsync 脚本分发到当前三台服务器中。这样就可以让每一台服务器都具有分发文件的功能。

```
xsync /home/clay/bin
```

步骤 06 为了让每台机器都有操作权限，需要同步当前服务器上已经修改好的环境变量，执行

如下命令以同步环境变量:

```
sudo./bin/xsync /etc/profile.d/my_env.sh
```

步骤07 分别在每一台服务器上执行下面的命令,以使环境变量生效。

```
source /etc/profile
```

3. 配置 SSH 免密登录

上述操作完成后,在进行文件分发时,首先需要登录需要同步文件的服务器账号。为了简化此操作,我们可以为多台服务器配置免密登录,也就是说,在配置完免密登录之后,每次分发文件的时候都不需要再进行登录操作。

步骤01 首先我们需要保证,hadoop102、hadoop103 中存在与 hadoop101 一样的目录 /home/clay/.ssh 和相同的 clay 账号。

步骤02 在每一台机器上都执行如下命令以生成证书:

```
#把操作用户切换为 clay 用户
su clay
#切换到/.ssh 目录
cd /home/clay/.ssh
#生成证书
ssh-keygen -t rsa
```

提　示

在执行生成证书的过程中,只需连续按三次回车键即可生成证书。

步骤03 在每一台服务器中的同名/home/clay/.ssh 目录中,每一台服务器都执行下面的三条命令。

```
#证书复制到 dadoop101 服务器中
ssh-copy-id hadoop101
#证书复制到 dadoop102 服务器中
ssh-copy-id hadoop102
#证书复制到 dadoop103 服务器中
ssh-copy-id hadoop103
```

4. Hadoop 集群安装

在搭建 Hadoop 集群过程中,最核心的四个配置文件分别是 core-site.xml、hdfs-site.xml、yarn-site.xml、mapred-site.xml。接下来在 hadoop101 服务器上对这四个文件进行配置。

（1）配置 core-site.xml 文件

步骤01 执行下面的命令,切换到 Hadoop 安装包所在的目录。

```
#切换目录
cd $HADOOP_HOME/etc/hadoop
```

步骤02 修改此文件,执行如下命令:

```
#修改文件
vi core-site.xml
```

此配置文件的最终内容如下：

```xml
<?xml version="1.0" encoding="UTF-8"?>
<?xml-stylesheet type="text/xsl" href="configuration.xsl"?>
<configuration>
 <!-- 指定 NameNode 的地址 -->
 <property>
 <name>fs.defaultFS</name>
 <value>hdfs://hadoop101:8020</value>
 </property>
 <!-- 指定 hadoop 数据的存储目录 -->
 <property>
 <name>hadoop.tmp.dir</name>
 <value>/opt/module/hadoop-3.3.1/data</value>
 </property>
 <!-- 配置 HDFS 网页登录使用的静态用户为 clay -->
 <property>
 <name>hadoop.http.staticuser.user</name>
 <value>clay</value>
 </property>
</configuration>
```

（2）配置 hdfs-site.xml 文件

步骤 01 执行下面的命令，切换到 Hadoop 安装包所在的目录。

```
#切换目录
cd $HADOOP_HOME/etc/hadoop
```

步骤 02 修改此文件，执行如下命令：

```
#修改文件
vi hdfs-site.xml
```

此配置文件最终的内容如下：

```xml
<?xml version="1.0" encoding="UTF-8"?>
<?xml-stylesheet type="text/xsl" href="configuration.xsl"?>
<configuration>
<!-- namenode web 端访问地址-->
<property>
 <name>dfs.namenode.http-address</name>
 <value>hadoop101:9870</value>
 </property>
<!-- namenode.secondary web 端访问地址-->
 <property>
 <name>dfs.namenode.secondary.http-address</name>
 <value>hadoop103:9868</value>
 </property>
</configuration>
```

（3）配置 yarn-site.xml 文件

步骤 01 执行下面的命令，切换到 Hadoop 安装包所在的目录。

```
#切换目录
cd $HADOOP_HOME/etc/hadoop
```

步骤 02 修改此文件，执行如下命令：

```
#修改文件
vi yarn-site.xml
```

此配置文件最终的内容如下：

```
<?xml version="1.0" encoding="UTF-8"?>
<?xml-stylesheet type="text/xsl" href="configuration.xsl"?>
<configuration>
 <!-- 指定 nodemanager 走 shuffle -->
 <property>
 <name>yarn.nodemanager.aux-services</name>
 <value>mapreduce_shuffle</value>
 </property>
 <!-- 指定 ResourceManager 的地址-->
 <property>
 <name>yarn.resourcemanager.hostname</name>
 <value>hadoop102</value>
 </property>
 <!-- 环境变量的继承 -->
 <property>
 <name>yarn.nodemanager.env-whitelist</name>

<value>JAVA_HOME,HADOOP_COMMON_HOME,HADOOP_HDFS_HOME,HADOOP_CO
NF_DIR,CLASSPATH_PREPEND_DISTCACHE,HADOOP_YARN_HOME,HADOOP_MAP
RED_HOME</value>
 </property>
</configuration>
```

（4）配置 mapred-site.xml 文件

步骤 01 执行下面的命令，切换到 Hadoop 安装包所在的目录。

```
#切换目录
cd $HADOOP_HOME/etc/hadoop
```

步骤 02 修改此文件，执行如下命令：

```
#修改文件
vi mapred-site.xml
```

此配置文件最终的内容如下：

```
<?xml version="1.0"?>
<?xml-stylesheet type="text/xsl" href="configuration.xsl"?>
```

```
<!-- Put site-specific property overrides in this file. -->
<configuration>
 <property>
 <name>mapreduce.framework.name</name>
 <value>yarn</value>
 </property>
<property>
    <name>yarn.app.mapreduce.am.env</name>
    <value>HADOOP_MAPRED_HOME={hadoopclasspath}</value>
</property>
<property>
    <name>mapreduce.map.env</name>
    <value>HADOOP_MAPRED_HOME={hadoopclasspath}</value>
</property>
<property>
    <name>mapreduce.reduce.env</name>
    <value>HADOOP_MAPRED_HOME={hadoopclasspath}</value>
</property>
<!-- 历史服务器端地址 -->
<property>
 <name>mapreduce.jobhistory.address</name>
 <value>hadoop101:10020</value>
</property>
<!-- 历史服务器 web 端地址 -->
<property>
 <name>mapreduce.jobhistory.webapp.address</name>
 <value>hadoop101:19888</value>
</property>
</configuration>
```

在上述配置中要注意的是：需要把配置文件中三处“{hadoopclasspath}”替换为在当前服务器上执行“hadoop classpath”命令返回的查询结果。

笔者的服务器的完整配置文件内容如下：

```
<?xml version="1.0"?>
<?xml-stylesheet type="text/xsl" href="configuration.xsl"?>
<!--
  Licensed under the Apache License, Version 2.0 (the "License");
  you may not use this file except in compliance with the License.
  You may obtain a copy of the License at

    http://www.apache.org/licenses/LICENSE-2.0

  Unless required by applicable law or agreed to in writing, software
  distributed under the License is distributed on an "AS IS" BASIS,
  WITHOUT WARRANTIES OR CONDITIONS OF ANY KIND, either express or implied.
  See the License for the specific language governing permissions and
  limitations under the License. See accompanying LICENSE file.
```

```
-->

<!-- Put site-specific property overrides in this file. -->

<configuration>

 <property>
 <name>mapreduce.framework.name</name>
 <value>yarn</value>
 </property>
 <property>
     <name>yarn.app.mapreduce.am.env</name>

<value>HADOOP_MAPRED_HOME=/opt/module/hadoop-3.3.1/etc/hadoop:/opt/module/hado
op-3.3.1/share/hadoop/common/lib/*:/opt/module/hadoop-3.3.1/share/hadoop/commo
n/*:/opt/module/hadoop-3.3.1/share/hadoop/hdfs:/opt/module/hadoop-3.3.1/share/
hadoop/hdfs/lib/*:/opt/module/hadoop-3.3.1/share/hadoop/hdfs/*:/opt/module/had
oop-3.3.1/share/hadoop/mapreduce/lib/*:/opt/module/hadoop-3.3.1/share/hadoop/m
apreduce/*:/opt/module/hadoop-3.3.1/share/hadoop/yarn:/opt/module/hadoop-3.3.1
/share/hadoop/yarn/lib/*:/opt/module/hadoop-3.3.1/share/hadoop/yarn/*</value>
     </property>
     <property>
         <name>mapreduce.map.env</name>

<value>HADOOP_MAPRED_HOME=/opt/module/hadoop-3.3.1/etc/hadoop:/opt/module/hado
op-3.3.1/share/hadoop/common/lib/*:/opt/module/hadoop-3.3.1/share/hadoop/commo
n/*:/opt/module/hadoop-3.3.1/share/hadoop/hdfs:/opt/module/hadoop-3.3.1/share/
hadoop/hdfs/lib/*:/opt/module/hadoop-3.3.1/share/hadoop/hdfs/*:/opt/module/had
oop-3.3.1/share/hadoop/mapreduce/lib/*:/opt/module/hadoop-3.3.1/share/hadoop/m
apreduce/*:/opt/module/hadoop-3.3.1/share/hadoop/yarn:/opt/module/hadoop-3.3.1
/share/hadoop/yarn/lib/*:/opt/module/hadoop-3.3.1/share/hadoop/yarn/*</value>
     </property>
     <property>
         <name>mapreduce.reduce.env</name>

<value>HADOOP_MAPRED_HOME=/opt/module/hadoop-3.3.1/etc/hadoop:/opt/module/hado
op-3.3.1/share/hadoop/common/lib/*:/opt/module/hadoop-3.3.1/share/hadoop/commo
n/*:/opt/module/hadoop-3.3.1/share/hadoop/hdfs:/opt/module/hadoop-3.3.1/share/
hadoop/hdfs/lib/*:/opt/module/hadoop-3.3.1/share/hadoop/hdfs/*:/opt/module/had
oop-3.3.1/share/hadoop/mapreduce/lib/*:/opt/module/hadoop-3.3.1/share/hadoop/m
apreduce/*:/opt/module/hadoop-3.3.1/share/hadoop/yarn:/opt/module/hadoop-3.3.1
/share/hadoop/yarn/lib/*:/opt/module/hadoop-3.3.1/share/hadoop/yarn/*</value>
     </property>
```

```
<!-- 历史服务器端地址 -->
<property>
 <name>mapreduce.jobhistory.address</name>
 <value>hadoop101:10020</value>
</property>
<!-- 历史服务器 web 端地址 -->
<property>
 <name>mapreduce.jobhistory.webapp.address</name>
 <value>hadoop101:19888</value>
</property>
</configuration>
```

（5）分发 Hadoop 程序的相关文件

当 hadoop101 的四个配置文件都配置完成之后，我们只需向 hadoop102 和 hadoop103 服务器上分发这些配置文件和相关程序。

步骤01 在 hadoop101 服务器上执行如下命令，进行内容的分发：

```
#切换操作用户到 clay 用户
su clay
#分发 hadoop 文件夹下面的所有目录和文件
xsync /opt/module/hadoop-3.3.1/etc/hadoop/
```

步骤02 分发完成之后，在 hadoop102 和 hadoop103 服务器上执行下面的命令，查看其中的配置文件是否存在以及内容是否正确。

```
cat /opt/module/hadoop-3.3.1/etc/hadoop/core-site.xml
cat /opt/module/hadoop-3.3.1/etc/hadoop/hdfs-site.xml
cat /opt/module/hadoop-3.3.1/etc/hadoop/yarn-site.xml
cat /opt/module/hadoop-3.3.1/etc/hadoop/ mapred-site.xml
```

（6）配置 Hadoop 集群

Hadoop 相关文件分发完成之后就需要配置 Hadoop 集群。

步骤01 在 hadoop101 服务器上执行如下命令进行配置。

```
#在 hadoop101 服务器上进行 hadoop 集群配置
vi /opt/module/hadoop-3.3.1/etc/hadoop/workers
```

配置文件的内容设置如下：

```
hadoop101
hadoop102
hadoop103
```

步骤02 给其他服务器分发此配置文件，执行如下命令：

```
xsync /opt/module/hadoop-3.3.1/etc
```

（7）启动 Hadoop 集群

上述配置完成之后，只需要在各个服务器上启动对应的服务。

步骤01 在 hadoop101 服务器上执行下面的命令：

```
su clay
cd /opt/module/hadoop-3.3.1/bin
#格式化 NameNode
hdfs namenode -format
cd /opt/module/hadoop-3.3.1
#启动 HDFS
sbin/start-dfs.sh
```

步骤02 在 hadoop102 服务器上执行下面的命令：

```
su clay
cd /opt/module/hadoop-3.3.1/
sbin/start-yarn.sh
```

至此，hadoop 集群环境搭建成功。在浏览器中输入地址 http://hadoop101:9870，如果出现的结果如图 2-10 所示，就表示启动成功。

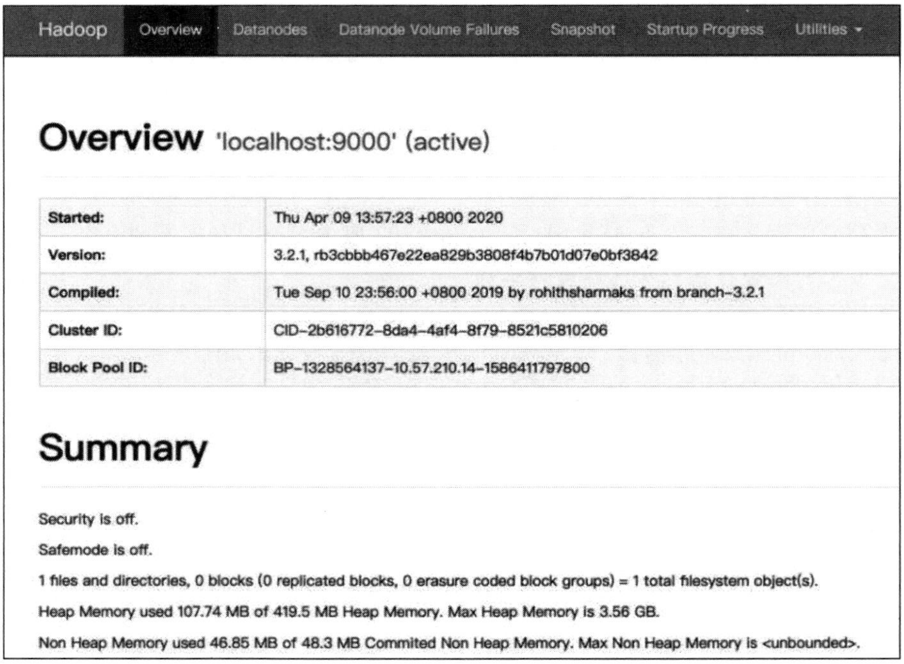

图 2-10　Hadoop 控制台

2.2.4　ZooKeeper 集群安装

HBase 不仅依赖 Hadoop，还依赖 ZooKeeper，接下来搭建 ZooKeeper 集群。

先在 hadoop101 服务器上安装 ZooKeeper，然后将 ZooKeeper 相关文件分发到 hadoop102 和 hadoop103 服务器上。

（1）下载 ZooKeeper 安装包

步骤01 进入 ZooKeeper 官网，选择 3.5.9 版本的 ZooKeeper 服务，如图 2-11 所示。

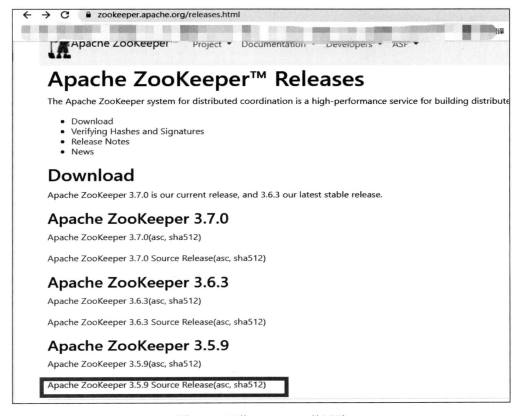

图 2-11　下载 ZooKeeper 的网页

步骤**02**选择对应版本的源码发布包按钮，下载 ZooKeeper 安装包，如图 2-12 所示。

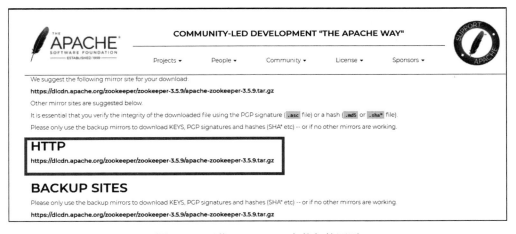

图 2-12　下载 ZooKeeper 安装包的网页

（2）上传并解压安装包

步骤**01**通过 xftp 等工具上传已经下载好的 ZooKeeper 安装包，并把安装包上传到
/opt/software/ 目录中。

安装 ZooKeeper 的相关命令如下：

```
#切换到 ZooKeeper 安装包目录
cd /opt/software/
```

步骤 **02** 解压 ZooKeeper 安装包，执行如下命令：

```
#解压安装包
tar -zxvf zookeeper-3.5.9.tar.gz -C /opt/module/
```

范例如下：

```
[root@hadoop101/]#su clay                //切换到 clay 用户
[clay@hadoop101/]$ cd /opt/software/     //切换到安装程序包所在的目录
[clay@hadoop101 software]$ tar -zxvf zookeeper-3.5.9.tar.gz
-C /opt/module/                          //解压安装包
```

（3）创建 ZooKeeper 配置文件

步骤 **01** 执行如下命令切换到 ZooKeeper 程序目录。

```
#切换到 clay 用户
[root@hadoop101/]#su clay
#切换到安装程序包所在的目录
[clay@hadoop101/]$ cd /opt/module/zookeeper-3.5.9
```

步骤 **02** 创建配置文件，执行如下命令：

```
[clay@hadoop101 software]$ vi  zoo.cfg
```

zoo.cfg 文件的内容如下：

```
#The number of milliseconds of each tick
tickTime=2000
#The number of ticks that the initial
#synchronization phase can take
initLimit=10
#The number of ticks that can pass between
#sending a request and getting an acknowledgement
syncLimit=5
#the directory where the snapshot is stored.
#do not use /tmp for storage, /tmp here is just
#example sakes.
dataDir=/home/chenjie/zookeeper-3.5.9/tmp
#the port at which the clients will connect
clientPort=2181
#the maximum number of client connections.
#increase this if you need to handle more clients
#maxClientCnxns=60
#
#Be sure to read the maintenance section of the
#administrator guide before turning on autopurge.
#
#http://zookeeper.apache.org/doc/current/zookeeperAdmin.html#sc_maintenance
#
#The number of snapshots to retain in dataDir
#autopurge.snapRetainCount=3
#Purge task interval in hours
```

```
#Set to "0" to disable auto purge feature
#autopurge.purgeInterval=1
server.1=hadoop101:2888:3888
server.2=hadoop102:2888:3888
server.3=hadoop103:2888:3888
```

（4）分发 ZooKeeper 相关文件并启动

步骤01 在 hadoop101 服务器上执行如下命令，为其他服务器分发 ZooKeeper 相关文件。

```
xsync /opt/module/zookeeper-3.5.9/etc/hadoop/
```

步骤02 执行上述命令分发文件之后，在各个服务器上执行如下命令启动 ZooKeeper 服务：

```
#切换到 ZooKeeper 程序所在的目录
cd /opt/module/zookeeper-3.5.9/bin
#启动 ZooKeeper 服务
./zkServer.sh
```

2.2.5　HBase 集群安装

上述几小节的内容，都是在介绍安装 HBase 的依赖环境，本小节将介绍如何搭建 HBase 集群。在进行操作之前，需要保证 Hadoop 服务和 ZooKeeper 服务都启动正常。

依旧先在 hadoop101 服务器上安装 HBase，然后将 HBase 相关文件分发到 hadoop102 和 hadoop103 服务器上。

（1）下载 HBase 安装包

步骤01 进入 HBase 官网，下载 1.4.13 版本的 HBase 服务，如图 2-13 所示。

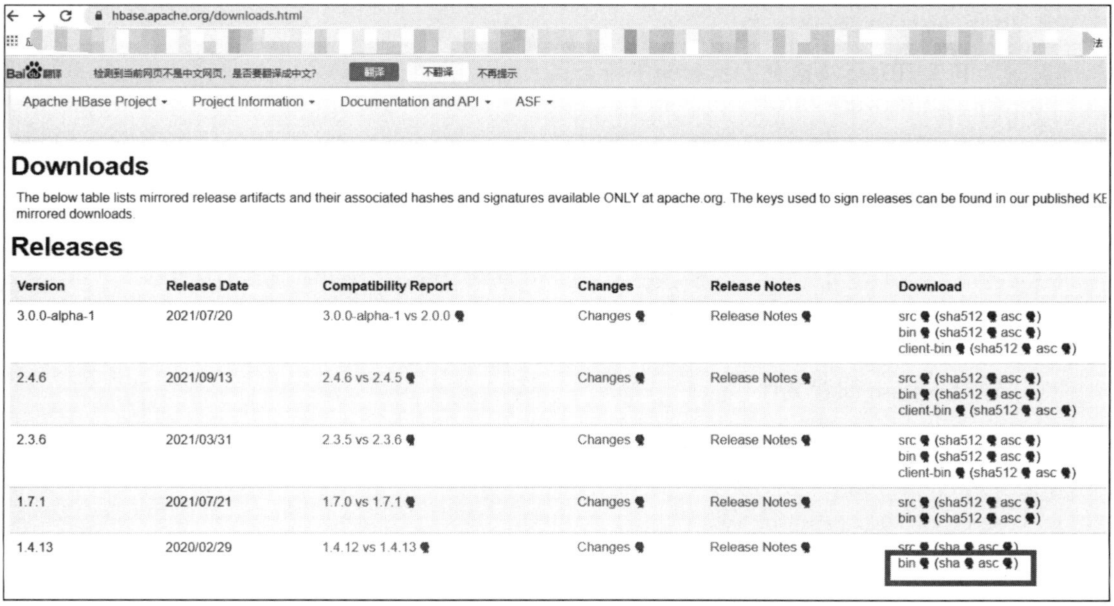

图 2-13　下载 HBase 的网页

步骤02 单击对应版本的源码发布包按钮，下载 HBase 安装包，如图 2-14 所示。

图 2-14　下载 HBase 安装包的网页

（2）上传并解压安装包

步骤01 通过 xftp 等工具上传已经下载好的 HBase 安装包，并把安装包上传到/opt/software/ 目录中。

安装 HBase 的相关命令如下：

```
#切换到 HBase 安装包所在的目录
cd /opt/software/
```

步骤02 解压 HBase 安装包，执行如下命令：

```
#解压安装包
tar -zxvf hbase-1.4.13-bin.tar.gz -C /opt/module/
```

范例如下：

```
[root@hadoop101/]#su clay                 //切换到 clay 用户
[clay@hadoop101/]$ cd /opt/software/     //切换到安装程序包所在的目录
[clay@hadoop101 software]$ tar -zxvf hbase-1.4.13-bin.tar.gz
-C /opt/module/                          //解压安装包
```

（3）创建 HBase 配置文件

步骤01 执行如下命令切换到 HBase 程序目录。

```
#切换到 clay 用户
[root@hadoop101/]#su clay
#切换到安装程序包所在的目录
[clay@hadoop101/]$ cd /opt/module/hbase-1.4.13/conf
```

步骤02 创建配置文件，执行如下命令：

```
Vi hbase-env.sh
```

hbase-env.sh 文件的内容如下：

```
export JAVA_HOME=/opt/module/jdk1.8.0_212
export HBASE_MANAGES_ZK=false
```

hbase-site.xml 文件的内容如下：

```
<configuration>
<property>
<name>hbase.rootdir</name>
<value>hdfs://hadoop101:9000/HBase</value>
</property>
  <!--单机模式不需要配置，分布式需要配置此项，value 值为 true，多节点分布-->
<property>
<name>hbase.cluster.distributed</name>
<value>true</value>
</property>
  <!--单机模式不需要配置多个 IP，分布式需要配置此项，value 值为多个主机 IP，多节点分布-->
<property>
<name>hbase.zookeeper.quorum</name>
 <value>hadoop101,hadoop102,hadoop103</value>
</property>
</configuration>
```

regionservers 文件的内容如下：

```
hadoop101
hadoop102
hadoop103
```

（4）软连接 Hadoop 配置文件到 HBase 中

在 hadoop101 服务器上执行下面两行代码：

```
ln -s /opt/module/hadoop-3.3.1/etc/hadoop/core-site.xml /opt/module/hbase-
1.4.13/conf/core-site.xml
 ln -s /opt/module/hadoop-3.3.1/etc/hadoop/hdfs-site.xml /opt/module/hbase-
1.4.13/conf/hdfs-site.xml
```

（5）分发 HBase 相关文件并启动

步骤 01 在 hadoop101 服务器上执行如下命令，为其他服务器分发 HBase 相关文件：

```
xsync /opt/module/hbase-1.4.13/
```

步骤 02 执行上述命令分发文件之后，在各个服务器上执行下面的命令群起 HBase 服务：

```
#切换到 HBase 程序所在的目录
cd /opt/module/hbase-1.4.13/
#在 hadoop101 服务器上执行下面的命令群起 HBase 服务
bin/stop-hbase.sh
```

如果想要进入 HBase 命令行，可以执行如下命令：

```
#切换到 HBase 程序所在的目录
cd /opt/module/hbase-1.4.13/
#在 hadoop101 服务器上执行下面的命令群起 HBase 服务
bin/hbase shell
```

至此，HBase 集群搭建成功。可以通过访问下面的网址来查看 HBase 的用户界面。

```
http://hadoop101:16010/tablesDetailed.jsp
```

2.3　HBase 容器化技术搭建

在 2.2 节中，我们通过分布式操作搭建了 HBase 所依赖的环境 Hadoop 和 ZooKeeper，这些操作对于初学者而言难度较大，所以为了方便初学者更快速地搭建一套能够运行的 HBase，本节将介绍如何使用容器化技术方便而快捷地搭建 HBase 环境。

Docker 是一个用于开发、交付和运行应用程序的开放平台，借助 Docker 能以管理应用程序的方式来管理基础架构，通过 Docker 的方法来快速交付、测试和部署代码。Docker 是当下热门的容器技术，下面介绍如何在安装 Docker 的环境下快速地安装 HBase 服务。

2.3.1　CentOS 环境下安装 Docker

安装 Docker 系统的要求是必须有一个 CentOS 7 或者 CentOS 8 的系统环境。

步骤 01 卸载旧版本。在安装新的 Docker 版本之前，如果安装过 Docker 旧版本，则需要卸载旧版本以及其相关的依赖项。执行如下命令：

```
sudo yum remove docker \
docker-client \
docker-client-latest \
docker-common \
docker-latest \
docker-latest-logrotate \
docker-logrotate \
docker-engine
```

步骤 02 安装 yum-utils 包，执行如下命令：

```
sudo yum install -y yum-utils
```

步骤 03 设置稳定的存储库（可选择其中一个）。

用户可以根据自己的网络情况选择存储库地址，国内推荐使用阿里云和清华大学源。如果设置为官方源，则需要单独处理到官方源的网络连接（使用 VPN 等软件）才可以进行正常操作。

使用官方源地址：

```
sudo yum-config-manager \
    --add-repo \
https://download.docker.com/linux/centos/docker-ce.repo
```

使用阿里云地址：

```
sudo yum-config-manager \
    --add-repo \
http://mirrors.aliyun.com/docker-ce/linux/centos/docker-ce.repo
```

使用清华大学源地址：

```
sudo yum-config-manager \
    --add-repo \
https://mirrors.tuna.tsinghua.edu.cn/docker-ce/linux/centos/docker-ce.repo
```

步骤 04 安装 Docker Engine-Community，执行如下命令：

```
#安装社区版 Docker 包
sudo yum install docker-ce docker-ce-cli containerd.io
```

步骤 05 启动 Docker，执行如下命令：

```
sudo systemctl start docker
```

步骤 06 验证是否安装正确，执行如下命令：

```
sudo docker info
```

执行上述命令后如果出现如图 2-15 所示的显示内容，则表示安装成功。

```
[root@master /]# docker info
Client:
 Debug Mode: false

Server:
 Containers: 3
  Running: 2
  Paused: 0
  Stopped: 1
 Images: 68
 Server Version: 19.03.13
 Storage Driver: overlay2
  Backing Filesystem: xfs
  Supports d_type: true
  Native Overlay Diff: true
 Logging Driver: json-file
 Cgroup Driver: systemd
 Plugins:
  Volume: local
  Network: bridge host ipvlan macvlan null overlay
  Log: awslogs fluentd gcplogs gelf journald json-file local
 Swarm: inactive
 Runtimes: runc
 Default Runtime: runc
 Init Binary: docker-init
 containerd version: 8fba4e9a7d01810a393d5d25a3621dc101981175
 runc version: dc9208a3303feef5b3839f4323d9beb36df0a9dd
 init version: fec3683
 Security Options:
  seccomp
   Profile: default
```

图 2-15　Docker 的详细信息

2.3.2　Windows 10 环境下安装 Docker

Docker Desktop 是 Docker 在 Windows 10 和 macOS 操作系统上的官方安装方式，即先在虚拟机中安装 Linux 再安装 Docker。用户可以从网上搜索并下载 Docker Desktop 的安装软件 Docker CE for Windows（此方法仅适用于 Windows 10 操作系统专业版、企业版、教育版和部分家庭版）。

步骤 01 安装 Hyper-V 虚拟机。

Docker CE for Windows 使用的虚拟机是 Hyper-V，这是微软开发的虚拟机，类似于 VMWare 或 VirtualBox，仅适用于 Windows 10。

提 示

Hyper-V 一旦启用，VirtualBox、VMWare Workstation 15 及以下版本将无法使用。如果必须在电脑上使用其他虚拟机，请不要使用 Hyper-V）。

步骤 02 启动 Hyper-V。

① 在 Windows 中，右击"开始"按钮，在弹出的快捷菜单中选择"应用和功能"命令，如图 2-16 所示。

② 打开"程序和功能"窗口，单击"启用或关闭 Windows 功能"链接，如图 2-17 所示。

图 2-16 选择"应用和功能"命令　　　　图 2-17 "程序和功能"窗口

③ 在打开的"Windows 功能"窗口中选中"Hyper-V"复选框，然后单击"确定"按钮，如图 2-18 所示。

图 2-18 选中"Hyper-V"复选框

步骤 03 安装 Docker。

双击下载的 EXE 文件，在打开的对话框中一直单击"Next"按钮，直到最后单击"Finish"按钮完成安装。

安装完成后，Docker 会自动启动，通知栏上出现🐳图标表示 Docker 正在运行，然后按住快捷键 Win+R 输入 PowerShell。

用户还可以执行代码 docker run hello-world 检查是否安装成功。

2.3.3　利用 Docker 安装 HBase

利用 Docker 安装 HBase 的步骤如下：

步骤 01 执行如下命令，搜索 HBase 镜像：

```
docker search hbase
```

搜索结果如图 2-19 所示。

```
[root@master /]# docker search hbase
NAME                                DESCRIPTION                                     STARS
harisekhon/hbase                    Apache HBase, opens shell - pseudo-distribut…   104
dajobe/hbase                        HBase 2.1.2 in Docker                           35
nerdammer/hbase                     HBase pseudo-distributed (configured for loc…   25
banno/hbase-standalone              HBase master running in standalone mode on U…   17
boostport/hbase-phoenix-all-in-one  HBase with phoenix and the phoenix query ser…   11
zenoss/hbase                        HBase image for Zenoss 5.0                      9
harisekhon/hbase-dev                Apache HBase + dev tools, github repos, pseu…   9
bde2020/hbase-standalone            Standalone Apache HBase docker image. Suitab…   5
bde2020/hbase-regionserver          Regionserver Docker image for Apache HBase.    4
gradiant/hbase-base                 Hbase small footprint Image (Alpine based)     3
aaionap/hbase                       AAI Hbase                                      3
smizy/hbase                         Apache HBase docker image based on alpine       3
pierrezemb/hbase-standalone          Docker images to experiment with HBase 1.4.…   2
imagenarium/hbase                                                                   2
bde2020/hbase-master                Master docker image for Apache HBase.          2
pilchard/hbase                      Hbase 1.2.0 (CDH 5.11) with openjdk-1.8        1
imagenarium/hbase-regionserver                                                     1
pierrezemb/hbase-docker             hbase in docker                                1
imagenarium/hbase-master                                                           1
stellargraph/hbase-master                                                          1
newnius/hbase                       Setup a HBase cluster in a totally distribut…   1
f21global/hbase-phoenix-server      HBase phoenix query server                     1
dwpdigital/hbase-table-provisioner  Docker image containing Hbase-Table-Provisio…   0
iwan0/hbase-thrift-standalone       hbase-thrift-standalone                        0
cellos/hbase                        HBase on top of Alpine Linux                   0
[root@master /]#
```

图 2-19　搜索 HBase 镜像

步骤 02 执行如下命令，下载 HBase 镜像：

```
docker pull harisekhon/hbase:1.3
```

或者执行下面命令，下载新版本镜像：

```
docker pull harisekhon/hbase
```

下载 HBase 镜像过程中的屏幕显示如图 2-20 所示。

```
[root@master /]# docker pull harisekhon/hbase:1.3
1.3: Pulling from harisekhon/hbase
cd784148e348: Pull complete
9375f15adfac: Downloading [===========>                              ]  14.7MB/70.65MB
bd1652f47081: Download complete
14b70f0f559e: Download complete
e76e1b28b55c: Downloading [===>                                      ]  5.25MB/76.64MB
917179dcefda: Downloading [=====>                                    ]  2.8MB/27.88MB
4adad1f1ef2b: Waiting
209dd8366d03: Waiting
5e9899213c00: Waiting
```

图 2-20　下载 HBase 镜像过程中显示的信息

步骤03 执行如下命令来运行 HBase：

```
docker run -d -h myhbase -p 2181:2181 -p 8080:8080 -p 8085:8085 -p 9090:9090
-p 9095:9095 -p 16000:16000 -p 16010:16010 -p 16201:16201 -p 16020:16020 -p
16301:16301 --name myhbase harisekhon/hbase:1.3
```

或者执行下面命令来运行新版本的 HBase：

```
docker run -d -h myhbase -p 2181:2181 -p 8080:8080 -p 8085:8085 -p 9090:9090
-p 9095:9095 -p 16000:16000 -p 16010:16010 -p 16201:16201 -p 16301:16301 --name
myhbase harisekhon/hbase
```

运行 HBase 后的屏幕显示如图 2-21 所示。

```
[root@master /]# docker run -d -h myhbase -p 2181:2181 -p 8080:8080 -p 8085:8085 -p 9090:9090 -p 9
095:9095 -p 16000:16000 -p 16010:16010 -p 16201:16201 -p 16301:16301 --name hbase1.3 harisekhon/hb
ase:1.3
3da97eaaba09ceece80f0d9201f2652461f8208069bf3c17b00fa583f2f42be1
```

图 2-21　运行 HBase

运行完成后可以执行如下命令，查看 HBase 是否启动成功。

```
docker ps
```

执行上述命令后出现的显示信息如图 2-22 所示。

```
[root@master /]# docker ps
CONTAINER ID        IMAGE                  COMMAND             CREATED             STATUS
      PORTS
                                           NAMES
3da97eaaba09        harisekhon/hbase:1.3   "/entrypoint.sh"    About a minute ago  Up About a min
ute   0.0.0.0:2181->2181/tcp, 0.0.0.0:8080->8080/tcp, 0.0.0.0:8085->8085/tcp, 0.0.0.0:9090->9090/t
cp, 0.0.0.0:9095->9095/tcp, 0.0.0.0:16000->16000/tcp, 0.0.0.0:16010->16010/tcp, 0.0.0.0:16201->162
01/tcp, 0.0.0.0:16301->16301/tcp   hbase1.3
```

图 2-22　查询运行的容器

步骤04 执行如下命令进入 HBase 环境：

```
docker exec -it myhbase /bin/bash
```

进入 HBase 环境的屏幕显示结果如图 2-23 所示。

```
[root@master /]# docker exec -it myhbase /bin/bash
bash-4.4#
```

图 2-23　HBase 环境

步骤 05 执行如下命令进入 HBase 客户端命令行界面。

```
hbase shell
```

进入客户端的命令行界面，如图 2-24 所示。

```
[root@master /]# docker exec -it myhbase  /bin/bash
bash-4.4# hbase shell
2021-09-14 12:05:36,264 WARN  [main] util.NativeCodeLoader: Unable to load native-hadoop
HBase Shell; enter 'help<RETURN>' for list of supported commands.
Type "exit<RETURN>" to leave the HBase Shell
Version 1.3.2, r1bedb5bfbb5a99067e7bc54718c3124f632b6e17, Mon Mar 19 18:47:19 UTC 2018

hbase(main):001:0>
```

图 2-24　HBase 客户端的命令行界面

2.4　HBase 快速入门

本节主要介绍一些 HBase 的常用操作以便读者快速入门。

2.4.1　使用 HBase Shell

HBase 为用户提供了一个非常方便的命令行使用方式——HBase Shell。HBase Shell 提供了大多数的 HBase 命令，通过 HBase Shell，用户可以方便地创建、删除及修改表，还可以向表中添加数据，列出表中的相关信息等。

在执行 HBase 命令之前，首先需要确保启动了 HBase，然后根据不同情况选择执行不同的命令进入 HBase Shell 界面。

如果是分布式搭建的 HBase，首先切换到 clay 用户下，再执行以下命令进入 HBase Shell 界面：

```
bin/hbase shell
```

如果是使用 docker 安装的 HBase，则执行下面的命令进入 HBase Shell 界面：

```
docker exec -it myhbase  /bin/bash
hbase shell
```

不管是哪种方式，只要出现如下类似的信息，则表示一切正常，可以开始执行 HBase 命令：

```
2021-09-14 14:40:58,705 WARN  [main] util.NativeCodeLoader: Unable to load
native-hadoop library for your platform... using builtin-java classes where
applicable
HBase Shell; enter 'help<RETURN>' for list of supported commands.
Type "exit<RETURN>" to leave the HBase Shell
Version 1.3.2, r1bedb5bfbb5a99067e7bc54718c3124f632b6e17, Mon Mar 19 18:47:19
UTC 2018
hbase(main):001:0>
```

如果出现了其他异常信息，则可能是 HBase 没有启动，具体的问题需要根据提供的异常信息来判断和解决。

2.4.2　使用 create 命令

使用 create 命令可以创建表。

范例如下：

```
hbase(main):002:0> create 'student','info'
0 row(s) in 1.5860 seconds

=> HBase::Table - student
hbase(main):003:0>
```

命令解析：创建一个名为 student 的表，表中有一个列族，这个列族的名称是 info。需要注意的是，创建表的时候只需要指定列族，而不需要指定具体的列，因为列族中可以包含任意的列。

> **提　示**
>
> 在 HBase Shell 命令行中输入了错误的内容想要删除时，需要同时按住 Ctrl 键和 Backspace 键。

2.4.3　使用 alter 命令

使用 alter 命令可以为表新增列族。

范例如下：

```
hbase(main):005:0> alter 'test' ,'cf2'
Updating all regions with the new schema...
1/1 regions updated.
Done.
0 row(s) in 1.9670 seconds
```

命令解析：为表 test 新增一个名为 cf2 的列族。

2.4.4　使用 list 命令

使用 list 命令查询数据库中所有表的名称。

范例如下：

```
hbase(main):004:0> create 'test' ,'tt'
0 row(s) in 1.2450 seconds

=> HBase::Table - test
hbase(main):005:0> list
TABLE
student
test
2 row(s) in 0.0040 seconds

=> ["student", "test"]
```

命令解析：查询当前数据库中所有的表。从上面信息中可知，当前数据库中存在两个表，表名分别是 student 和 test。

2.4.5　使用 describe 命令

通过 list 命令只是查询到了数据库中所有的表名称，但是如果需要表中的详细信息，则需要使用 describe 命令。

范例如下：

```
hbase(main):001:0> describe
ERROR: wrong number of arguments (0 for 1)
Here is some help for this command:
Describe the named table. For example:
  hbase> describe 't1'
  hbase> describe 'ns1:t1'

Alternatively, you can use the abbreviated 'desc' for the same thing.
  hbase> desc 't1'
  hbase> desc 'ns1:t1'
```

从上述信息可知，我们输入的命令有错误。

正确的操作命令如下：

```
hbase(main):001:0> describe 'test'
Table test is DISABLED
test
COLUMN FAMILIES DESCRIPTION
{NAME => 'cf2',
BLOOMFILTER => 'ROW',
  VERSIONS => '1',
IN_MEMORY => 'false',
KEEP_DELETED_CELLS => 'FALSE',
DATA_BLOCK_ENCODING => 'NONE',
TTL => 'FOREVER',
COMPRESSION => 'NONE',
  MIN_VERSIONS =>'0',
BLOCKCACHE => 'true',
BLOCKSIZE => '65536',
REPLICATION_SCOPE => '0'}
{NAME => 'cf1',
BLOOMFILTER => 'ROW',
VERSIONS => '1',
IN_MEMORY => 'false',
KEEP_DELETED_CELLS => 'FALSE',
 DATA_BLOCK_ENCODING => 'NONE',
TTL => 'FOREVER',
COMPRESSION => 'NONE',
MIN_VERSIONS =>'0',
BLOCKCACHE => 'true',
BLOCKSIZE => '65536',
REPLICATION_SCOPE => '0'}
2 row(s) in 0.3490 seconds
```

命令解析：查询表名为 student 的详细信息。需要注意的是，name 表示的是列族的名称而不是列的名称。从上面信息中可知，此表 student 中包含了两个列族，分别是 cf1 和 cf2。

2.4.6 使用 put 命令

创建表之后，如果想要在表中插入数据，可以使用 put 命令。

范例如下：

1）创建一个名为 userinfo 的表，并且表中包含一个名为 info 的列族。执行如下命令：

```
hbase(main):002:0> create 'userinfo' ,'info'
0 row(s) in 1.5650 seconds
=> HBase::Table - userinfo
```

2）在表 userinfo 中插入一行数据，该行数据的 RowKey 是 uid1，而且在名为 info 的列族中生成一个名为 name 的列，此列的值是 zhangsan。执行如下命令：

```
hbase(main):003:0> put 'userinfo','uid1','info:name','zhangsan'
0 row(s) in 0.2300 seconds
```

3）在表 userinfo 中插入一行数据，此行数据的 RowKey 是 uid2，而且在名为 info 的列族中生成一个名为 age 的列，此列的值是 18。执行如下命令：

```
hbase(main):004:0> put 'userinfo','uid2','info:age',18
0 row(s) in 0.0160 seconds
```

4）在表 userinfo 中插入一行数据，此行数据的 RowKey 是 uid3，而且在名为 info 的列族中生成一个名为 address 的列，此列的值是 chain。执行如下命令：

```
hbase(main):005:0> put 'userinfo','uid1','info:address','chain'
0 row(s) in 0.0210 seconds
```

2.4.7 使用 get 命令

在 HBase 中使用 get 命令可以获取对应表中的一条数据。

范例如下：

1）获取表 userinfo 中 RowKey 等于 uid1 的行数据。执行如下命令：

```
hbase(main):001:0> get 'userinfo' ,'uid1'
COLUMN                            CELL
 info:name                        timestamp=1631635141588, value=zhangsan
1 row(s) in 0.3090 seconds
```

2）获取表 userinfo 中 RowKey 等于 uid2 的行数据。执行如下命令：

```
hbase(main):001:0> get 'userinfo' ,'uid2'
COLUMN                            CELL
 info:age                         timestamp=1631635115655,
1 row(s) in 0.3090 seconds
```

3）获取表 userinfo 中 RowKey 等于 uid3 的行数据。执行如下命令：

```
hbase(main):001:0> get 'userinfo' ,'uid3'
COLUMN                            CELL
 info:address                     timestamp=1631635141588, value=chain
1 row(s) in 0.3090 seconds
```

2.4.8　使用 scan 命令

除了使用 get 命令来根据 RowKey 获取具体的行数据之外，HBase 还提供了 scan 命令来获取对应表中的所有数据。

范例如下：

```
hbase(main):003:0> scan 'userinfo'
ROW              COLUMN+CELL
 uid1            column=info:name, timestamp=1631635141588, value=zhangsan
 uid2            column=info:age, timestamp=1631635115655, value=18
 uid3            column=info:address, timestamp=1631635092424, value=chain
1 row(s) in 0.3600 seconds
```

命令解析：根据 scan 命令获取表 userinfo 中所有的数据。

2.4.9　使用 deleteall 命令

使用 deleteall 命令可以根据 RowKey 删除当前行的所有元素值。

范例如下：

```
#删除 RowKey 等于 uid1 的行元素值
hbase(main):002:0> deleteall 'userinfo','uid1'
0 row(s) in 0.3330 seconds
#删除 RowKey 等于 uid1 的行数据
hbase(main):001:0> get 'userinfo','uid1'
COLUMN                                    CELL
0 row(s) in 0.3230 seconds
```

命令解析：删除 RowKey 等于 uid1 的行的所有元素值，删除之后查询不到当前行的数据。

第 3 章

HBase 基本操作

本章主要内容：

- help 命令
- 常规命令
- DDL 命令
- 命名空间
- DML 命令

本章主要介绍 HBase 中的相关命令，以及使用这些命令时需要注意的地方。本章也可以作为命令手册，当不知道如何使用某些命令时，可以在本章中快速查阅。

3.1 help 命令

若能熟练地使用 help（帮助）命令，很多时候不用上网查询资料或者查阅书籍就能快速地知道想要查询的命令的用法。

语法：

```
help '命令名'
```

范例一：查看 get 命令的帮助信息

```
hbase(main):005:0> help 'get'
Get row or cell contents; pass table name, row, and optionally
a dictionary of column(s), timestamp, timerange and versions. Examples:
  hbase> get 'ns1:t1', 'r1'
  hbase> get 't1', 'r1'
  hbase> get 't1', 'r1', {TIMERANGE => [ts1, ts2]}
  hbase> get 't1', 'r1', {COLUMN => 'c1'}
```

```
hbase> get 't1', 'r1', {COLUMN => ['c1', 'c2', 'c3']}
hbase> get 't1', 'r1', {COLUMN => 'c1',TIMESTAMP => ts1}
hbase> get 't1', 'r1', {COLUMN => 'c1',TIMERANGE => [ts1,ts2],VERSIONS => 4}
hbase> get 't1', 'r1', {COLUMN => 'c1',TIMESTAMP => ts1, VERSIONS => 4}
hbase> get 't1', 'r1', {FILTER => "ValueFilter(=,'binary:abc')"}
hbase> get 't1', 'r1', 'c1'
hbase> get 't1', 'r1', 'c1', 'c2'
hbase> get 't1', 'r1', ['c1', 'c2']
hbase> get 't1', 'r1', {COLUMN => 'c1', ATTRIBUTES => {'mykey'=>'myvalue'}}
hbase> get 't1', 'r1', {COLUMN => 'c1', AUTHORIZATIONS =>
['PRIVATE','SECRET']}
hbase> get 't1', 'r1', {CONSISTENCY => 'TIMELINE'}
hbase> get 't1', 'r1', {CONSISTENCY => 'TIMELINE', REGION_REPLICA_ID => 1}
```
Besides the default 'toStringBinary' format, 'get' also supports custom formatting by
column. A user can define a FORMATTER by adding it to the column name in the get
specification. The FORMATTER can be stipulated:
1. either as a org.apache.hadoop.hbase.util.Bytes method name (e.g, toInt, toString)
2. or as a custom class followed by method name: e.g.
'c(MyFormatterClass).format'.
Example formatting cf:qualifier1 and cf:qualifier2 both as Integers:
```
hbase> get 't1', 'r1' {COLUMN => ['cf:qualifier1:toInt',
    'cf:qualifier2:c(org.apache.hadoop.hbase.util.Bytes).toInt'] }
```
Note that you can specify a FORMATTER by column only (cf:qualifier). You cannot specify
a FORMATTER for all columns of a column family.
The same commands also can be run on a reference to a table(obtained via get_table or
create_table). Suppose you had a reference t to table 't1', the corresponding commands
would be:
```
hbase> t.get 'r1'
hbase> t.get 'r1', {TIMERANGE => [ts1, ts2]}
hbase> t.get 'r1', {COLUMN => 'c1'}
hbase> t.get 'r1', {COLUMN => ['c1', 'c2', 'c3']}
hbase> t.get 'r1', {COLUMN => 'c1', TIMESTAMP => ts1}
hbase> t.get 'r1', {COLUMN => 'c1', TIMERANGE => [ts1, ts2], VERSIONS => 4}
hbase> t.get 'r1', {COLUMN => 'c1', TIMESTAMP => ts1, VERSIONS => 4}
hbase> t.get 'r1', {FILTER => "ValueFilter(=, 'binary:abc')"}
hbase> t.get 'r1', 'c1'
hbase> t.get 'r1', 'c1', 'c2'
hbase> t.get 'r1', ['c1', 'c2']
hbase> t.get 'r1', {CONSISTENCY => 'TIMELINE'}
hbase> t.get 'r1', {CONSISTENCY => 'TIMELINE', REGION_REPLICA_ID => 1}
```

范例二：查看 put 命令的帮助信息

```
hbase(main):001:0> help 'put'
Put a cell 'value' at specified table/row/column and optionally
timestamp coordinates. To put a cell value into table 'ns1:t1' or 't1'
at row 'r1' under column 'c1' marked with the time 'ts1', do:
  hbase> put 'ns1:t1', 'r1', 'c1', 'value'
  hbase> put 't1', 'r1', 'c1', 'value'
  hbase> put 't1', 'r1', 'c1', 'value', ts1
  hbase> put 't1', 'r1', 'c1', 'value', {ATTRIBUTES=>{'mykey'=>'myvalue'}}
```

```
hbase> put 't1', 'r1', 'c1', 'value', ts1, {ATTRIBUTES=>{'mykey'=>'myvalue'}}
hbase> put 't1', 'r1', 'c1', 'value', ts1, {VISIBILITY=>'PRIVATE|SECRET'}
```
The same commands also can be run on a table reference. Suppose you had a reference t to table 't1', the corresponding command would be:
```
hbase> t.put 'r1', 'c1', 'value', ts1, {ATTRIBUTES=>{'mykey'=>'myvalue'}}
```

范例三：查看 HBase 中所有的命令

```
hbase(main):001:0> help
HBase Shell, version 1.3.2, r1bedb5bfbb5a99067e7bc54718c3124f632b6e17, Mon Mar 19 18:47:19 UTC 2018
Type 'help "COMMAND"', (e.g. 'help "get"' -- the quotes are necessary) for help on a specific command.
Commands are grouped. Type 'help "COMMAND_GROUP"', (e.g. 'help "general"') for help on a command group.
COMMAND GROUPS:
  Group name: general
  Commands: status, table_help, version, whoami
  Group name: ddl
  Commands: alter, alter_async, alter_status, create, describe, disable, disable_all, drop, drop_all, enable, enable_all, exists, get_table, is_disabled, is_enabled, list, locate_region, show_filters

  Group name: namespace
  Commands: alter_namespace, create_namespace, describe_namespace, drop_namespace, list_namespace, list_namespace_tables
  Group name: dml
  Commands: append, count, delete, deleteall, get, get_counter, get_splits, incr, put, scan, truncate, truncate_preserve
  Group name: tools
  Commands: assign, balance_switch, balancer, balancer_enabled, catalogjanitor_enabled, catalogjanitor_run, catalogjanitor_switch, close_region, compact, compact_rs, flush, major_compact, merge_region, move, normalize, normalizer_enabled, normalizer_switch, split, splitormerge_enabled, splitormerge_switch, trace, unassign, wal_roll, zk_dump
  Group name: replication
  Commands: add_peer, append_peer_tableCFs, disable_peer, disable_table_replication, enable_peer, enable_table_replication, get_peer_config, list_peer_configs, list_peers, list_replicated_tables, remove_peer, remove_peer_tableCFs, set_peer_tableCFs, show_peer_tableCFs
  Group name: snapshots
  Commands: clone_snapshot, delete_all_snapshot, delete_snapshot, delete_table_snapshots, list_snapshots, list_table_snapshots, restore_snapshot, snapshot
  Group name: configuration
  Commands: update_all_config, update_config
  Group name: quotas
  Commands: list_quotas, set_quota
  Group name: security
  Commands: grant, list_security_capabilities, revoke, user_permission
  Group name: procedures
  Commands: abort_procedure, list_procedures
  Group name: visibility labels
  Commands: add_labels, clear_auths, get_auths, list_labels, set_auths, set_visibility
  SHELL USAGE:
```

```
Quote all names in HBase Shell such as table and column names.  Commas delimit
command parameters.  Type <RETURN> after entering a command to run it.
Dictionaries of configuration used in the creation and alteration of tables
are
Ruby Hashes. They look like this:
  {'key1' => 'value1', 'key2' => 'value2', ...}
and are opened and closed with curley-braces.  Key/values are delimited by the
'=>' character combination.  Usually keys are predefined constants such as
NAME, VERSIONS, COMPRESSION, etc.  Constants do not need to be quoted.  Type
'Object.constants' to see a (messy) list of all constants in the environment.

If you are using binary keys or values and need to enter them in the shell,
use
double-quote'd hexadecimal representation. For example:
  hbase> get 't1', "key\x03\x3f\xcd"
  hbase> get 't1', "key\003\023\011"
  hbase> put 't1', "test\xef\xff", 'f1:', "\x01\x33\x40"

The HBase shell is the (J)Ruby IRB with the above HBase-specific commands added.
For more on the HBase Shell, see http://hbase.apache.org/book.html
```

3.2　常规命令

本节主要介绍一些与 HBase 中集群状态信息、版本信息等相关的常规命令。

3.2.1　查询集群状态信息（status 命令）

status 命令用于查看当前 HBase 集群的状态信息。

语法：

```
status 'simple'
status 'summary'
status 'detailed'
status 'replication'
status 'replication', 'source'
status 'replication', 'sink'
```

范例一：查看集群最简洁的状态信息

```
hbase(main):001:0> status 'simple'
active master: myhbase:16000 1631620932096
0 backup masters
1 live servers
    myhbase:16020 1631620936415
        requestsPerSecond=0.0, numberOfOnlineRegions=4, usedHeapMB=55,
maxHeapMB=1161, numberOfStores=4, numberOfStorefiles=4,
storefileUncompressedSizeMB=0, storefileSizeMB=0, memstoreSizeMB=0,
storefileIndexSizeMB=0, readRequestsCount=228, writeRequestsCount=14,
rootIndexSizeKB=0, totalStaticIndexSizeKB=0, totalStaticBloomSizeKB=0,
totalCompactingKVs=15, currentCompactedKVs=15, compactionProgressPct=1.0,
coprocessors=[MultiRowMutationEndpoint]
```

```
0 dead servers
Aggregate load: 0, regions: 4
```

范例二：查看集群详细的状态信息

```
hbase(main):001:0> status 'detailed'
version 1.3.2
0 regionsInTransition
active master: myhbase:16000 1631620932096
0 backup masters
master coprocessors: []
1 live servers
myhbase:16020 1631620936415
requestsPerSecond=0.0, numberOfOnlineRegions=4, usedHeapMB=56,
maxHeapMB=1161, numberOfStores=4, numberOfStorefiles=4,
storefileUncompressedSizeMB=0, storefileSizeMB=0, memstoreSizeMB=0,
storefileIndexSizeMB=0, readRequestsCount=228, writeRequestsCount=14,
rootIndexSizeKB=0, totalStaticIndexSizeKB=0, totalStaticBloomSizeKB=0,
totalCompactingKVs=15, currentCompactedKVs=15, compactionProgressPct=1.0,
coprocessors=[MultiRowMutationEndpoint]"hbase:meta,,1" numberOfStores=1,
numberOfStorefiles=2, storefileUncompressedSizeMB=0,
lastMajorCompactionTimestamp=1631632379721, storefileSizeMB=0, memstoreSizeMB=0,
storefileIndexSizeMB=0, readRequestsCount=219, writeRequestsCount=8,
rootIndexSizeKB=0, totalStaticIndexSizeKB=0, totalStaticBloomSizeKB=0,
totalCompactingKVs=15, currentCompactedKVs=15, compactionProgressPct=1.0,
completeSequenceId=27, dataLocality=0.0
    "hbase:namespace,,1631620945952.edd622b3427d9929e20cdebca74260a1."
    numberOfStores=1, numberOfStorefiles=1, storefileUncompressedSizeMB=0,
lastMajorCompactionTimestamp=0, storefileSizeMB=0, memstoreSizeMB=0,
storefileIndexSizeMB=0, readRequestsCount=6, writeRequestsCount=2,
rootIndexSizeKB=0, totalStaticIndexSizeKB=0, totalStaticBloomSizeKB=0,
totalCompactingKVs=0, currentCompactedKVs=0, compactionProgressPct=NaN,
completeSequenceId=7, dataLocality=0.0
    "student,,1631631463862.1cb51dc0ef8dfd46f6664b36297ebb30."
    numberOfStores=1, numberOfStorefiles=0, storefileUncompressedSizeMB=0,
lastMajorCompactionTimestamp=0, storefileSizeMB=0, memstoreSizeMB=0,
storefileIndexSizeMB=0, readRequestsCount=0, writeRequestsCount=0,
rootIndexSizeKB=0, totalStaticIndexSizeKB=0, totalStaticBloomSizeKB=0,
totalCompactingKVs=0, currentCompactedKVs=0, compactionProgressPct=NaN,
completeSequenceId=-1,
dataLocality=0.0"userinfo,,1631635025043.e109b316b379185201a4483741b5748e."
numberOfStores=1, numberOfStorefiles=1, storefileUncompressedSizeMB=0,
lastMajorCompactionTimestamp=0, storefileSizeMB=0, memstoreSizeMB=0,
storefileIndexSizeMB=0, readRequestsCount=3, writeRequestsCount=4,
rootIndexSizeKB=0, totalStaticIndexSizeKB=0, totalStaticBloomSizeKB=0,
totalCompactingKVs=0, currentCompactedKVs=0, compactionProgressPct=NaN,
completeSequenceId=9, dataLocality=0.0
    0 dead servers
```

3.2.2　查看如何操作表（table_help 命令）

table_help 命令用于查看如何操作表。

语法：

```
table_help
```

范例：查看有关操作表的命令和说明

```
hbase(main):002:0> table_help
Help for table-reference commands.
You can either create a table via 'create' and then manipulate the table via
commands like 'put', 'get', etc.
See the standard help information for how to use each of these commands.
However, as of 0.96, you can also get a reference to a table, on which you can
invoke commands.
For instance, you can get create a table and keep around a reference to it via:
  hbase> t = create 't', 'cf'
Or, if you have already created the table, you can get a reference to it:
  hbase> t = get_table 't'
You can do things like call 'put' on the table:
  hbase> t.put 'r', 'cf:q', 'v'

which puts a row 'r' with column family 'cf', qualifier 'q' and value 'v' into
table t.
To read the data out, you can scan the table:
  hbase> t.scan
which will read all the rows in table 't'.
Essentially, any command that takes a table name can also be done via table
reference.
Other commands include things like: get, delete, deleteall,
get_all_columns, get_counter, count, incr. These functions, along with
the standard JRuby object methods are also available via tab completion.
For more information on how to use each of these commands, you can also just
type:
    hbase> t.help 'scan
which will output more information on how to use that command.
You can also do general admin actions directly on a table; things like enable,
disable,
flush and drop just by typing:

    hbase> t.enable
    hbase> t.flush
    hbase> t.disable
    hbase> t.drop
Note that after dropping a table, your reference to it becomes useless and further
usage
is undefined (and not recommended).
```

从上述信息可知，执行命令后返回了操作表的相关信息。

3.2.3　查询 HBase 版本信息（version 命令）

version 命令用于查看当前环境中 HBase 的版本信息。

语法：

```
Version
```

范例：查看当前环境中 HBase 的版本信息

```
hbase(main):002:0> version
```

```
1.3.2, r1bedb5bfbb5a99067e7bc54718c3124f632b6e17, Mon Mar 19 18:47:19 UTC 2021
```

从上述信息可知，当前环境中 HBase 的版本是 1.3.2。

3.2.4　查看当前用户（whoami 命令）

whoami 命令用于查看当前用户。

语法：

```
whoami
```

范例：查看当前用户

```
hbase(main):001:0> whoami
root (auth:SIMPLE)
    groups: root, bin, daemon, sys, adm, disk, wheel, floppy, dialout, tape,
video
```

3.2.5　查看进程列表（processlist 命令）

processlist 命令用于查看当前 HBase 环境中的进程列表。

语法：

```
processlist
processlist 'all'
processlist 'general'
processlist 'handler'
processlist 'rpc'
processlist 'operation'
processlist 'all','host187.example.com'
processlist 'all','host187.example.com,16020'
processlist 'all','host187.example.com,16020,1289493121758'
```

范例：查看当前环境中的进程列表

```
hbase(main):006:0> processlist
0 tasks as of: 2021-09-15 08:54:29
No general tasks currently running.
Took 1.0462 seconds
```

3.3　DDL 命令

数据库定义语言（Data Definition Language，DDL）是用于描述数据库中要存储的现实世界实体的语言。HBase 也支持 DDL 命令，本节主要介绍 HBase 中如何使用 DDL 命令对表进行操作。

3.3.1　创建表（create 命令）

create 命令用于创建表。

语法：

1）简单创建表的方式：

create '表名','列族名 1','列族名 2','列族名 3'

2）添加属性类型的方式：

create '表名',{NAME=>'列族名',},{NAME=>'列族名'},{NAME=>'列族名'}

3）创建表并添加属性和设置版本数量的方式：

create '表名',{NAME=>'列族名 1',VERSIONS=>版本号}

范例一：简单创建表的方式

```
hbase(main):003:0> create 'table_test1','info1'
0 row(s) in 1.5050 seconds
=> HBase::Table - table_test1
```

命令解析：创建一个名为 table_test1 的表，为此表创建一个名为 info1 的列族。

范例二：简单创建表的方式

```
hbase(main):007:0> create 'table_test2','info1','info2','info3'
0 row(s) in 1.2810 seconds
=> HBase::Table - table_test2
```

命令解析：创建一个名为 table_test2 的表，此表有 3 个列族，列族名分别是 info1、info2、info3。

范例三：添加属性类型的方式

```
hbase(main):002:0> create 'table_test3',{NAME=>'info1'},{NAME=>'info2'}
0 row(s) in 1.5190 seconds
=> HBase::Table - table_test3
```

命令解析：创建一个名为 table_test3 的表，并且此表中有两个列族，分别是 info1 和 info2。

范例四：创建表并添加属性和设置版本数量的方式

```
hbase(main):002:0> create
'table_test4',{NAME=>'info1',VERSIONS=>1},{NAME=>'info2',VERSIONS=>2}
Created table table_test4
Took 1.3846 seconds
=> HBase::Table - table_test4
```

命令解析：创建一个名为 table_test4 的表，并且此表中有两个列族，分别是 info1 和 info2，info1 列族可以存储的版本是 1 个，info2 列族可以存储的版本是 2 个。

提　示

默认情况下，列族可以存储的版本是 1 个，如果在查询的时候要返回多个版本的信息，就需要在创建表的时候指定可以存储的版本数量。

3.3.2 修改表信息（alter 命令）

alter 命令用于修改表信息。

语法：

1）新增列族：

```
alter  '表名','列族名称','列族名称'
```

2）修改列族可以存储的版本数量：

```
alter '表名',{NAME=>'列族名称',VERSIONS=>版本号}
```

3）删除列族：

```
alter '表名',{NAME=>'列族名称',METHOD=>'delete'}
```

4）修改 Region 大小：

```
alter '表名',MAX_FILESIZE=>'字节数'
```

范例一：新增列族

```
#创建表
hbase(main):005:0> create 'test1','info1'
Created table test1
Took 1.6391 seconds
=> HBase::Table - test1
#修改表
hbase(main):006:0> alter 'test1','info2','info3'
Updating all regions with the new schema...
1/1 regions updated.
Done.
Took 2.1867 seconds
hbase(main):007:0>
```

命令解析：先使用 create 命令为表 test1 创建一个名为 info1 的列族，之后使用 alter 命令为表 test1 新增名为 info2 和 info3 的列族。

范例二：修改列族可存储的版本数量

```
#创建表
hbase(main):001:0> create 'test2' ,{NAME=>'info1',VERSIONS=>1}
Created table test2
Took 1.5423 seconds
=> HBase::Table - test2
#修改表
hbase(main):002:0> alter 'test2',{NAME=>'info1',VERSIONS=>3}
Updating all regions with the new schema...
1/1 regions updated.
Done.
Took 2.0341 seconds
#查看表信息
hbase(main):004:0> describe 'test2'
Table test2 is ENABLED
test2
```

```
COLUMN FAMILIES DESCRIPTION
{NAME => 'info1',
VERSIONS => '3',
 EVICT_BLOCKS_ON_CLOSE => 'false',
NEW_VERSION_BEHAVIOR => 'false',
KEEP_DELETED_CELLS => 'FALSE',
CACHE_DATA_ON_WRITE => 'false',
DATA_BLOCK_ENCODING => 'NONE',
TTL => 'FOREVER',
MIN_VERSIONS => '0',
REPLICATION_SCOPE => '0',
BLOOMFILTER => 'ROW',
CACHE_INDEX_ON_WRITE => 'false',
IN_MEMORY => 'false',
CACHE_BLOOMS_ON_WRITE => 'false',
PREFETCH_BLOCKS_
ON_OPEN => 'false',
COMPRESSION => 'NONE',
BLOCKCACHE => 'true',
BLOCKSIZE => '65536'}
1 row(s)
Took 0.0587 seconds
```

命令解析：创建一个名为 test2 的表，表中名为 info1 的列族可存储的版本数量是 1；使用 alter 命令把此列族可存储的版本数量修改为 3；通过 describe 命令查询到当前 info1 列族可存储的版本数量是 3。

范例三：删除列族

```
#创建表
hbase(main):003:0> create 'test3', 'info1','info2'
Created table test3
Took 0.7327 seconds
=> HBase::Table - test3
#查看当前表信息
hbase(main):004:0> describe 'test3'
Table test3 is ENABLED
test3
COLUMN FAMILIES DESCRIPTION
{NAME => 'info1',
VERSIONS => '1',
EVICT_BLOCKS_ON_CLOSE => 'false',
NEW_VERSION_BEHAVIOR => 'false',
KEEP_DELETED_CELLS => 'FALSE',
CACHE_DATA_ON_WRITE => 'false',
DATA_BLOCK_ENCODING => 'NONE',
TTL => 'FOREVER',
MIN_VERSIONS => '0',
REPLICATION_SCOPE => '0',
BLOOMFILTER => 'ROW',
CACHE_INDEX_ON_WRITE => 'false',
IN_MEMORY => 'false',
CACHE_BLOOMS_ON_WRITE => 'false',
PREFETCH_BLOCKS_
ON_OPEN => 'false',
```

```
COMPRESSION => 'NONE',
BLOCKCACHE => 'true',
BLOCKSIZE => '65536'}
{NAME => 'info2',
VERSIONS => '1',
EVICT_BLOCKS_ON_CLOSE => 'false',
NEW_VERSION_BEHAVIOR => 'false',
KEEP_DELETED_CELLS => 'FALSE',
CACHE_DATA_ON_WRITE => 'false',
DATA_BLOCK_ENCODING => 'NONE',
TTL => 'FOREVER',
MIN_VERSIONS => '0',
REPLICATION_SCOPE => '0',
BLOOMFILTER => 'ROW',
CACHE_INDEX_ON_WRITE => 'false',
IN_MEMORY => 'false',
CACHE_BLOOMS_ON_WRITE => 'false',
PREFETCH_BLOCKS_ON_OPEN => 'false',
COMPRESSION => 'NONE',
BLOCKCACHE => 'true',
BLOCKSIZE => '65536'}
2 row(s)
Took 0.1123 seconds
#修改表
hbase(main):006:0> alter 'test3',{NAME=>'info1',METHOD=>'delete'}
Updating all regions with the new schema...
1/1 regions updated.
Done.
Took 1.8120 seconds
#查看表修改之后的信息
hbase(main):007:0> describe 'test3'
Table test3 is ENABLED
test3
COLUMN FAMILIES DESCRIPTION
{NAME => 'info2',
VERSIONS => '1',
EVICT_BLOCKS_ON_CLOSE => 'false',
NEW_VERSION_BEHAVIOR => 'false',
KEEP_DELETED_CELLS => 'FALSE',
CACHE_DATA_ON_WRITE => 'false',
DATA_BLOCK_ENCODING => 'NONE'
, TTL => 'FOREVER', MIN_VERSIONS => '0',
REPLICATION_SCOPE => '0', BLOOMFILTER => 'ROW',
CACHE_INDEX_ON_WRITE => 'false',
 IN_MEMORY => 'false',
CACHE_BLOOMS_ON_WRITE => 'false',
PREFETCH_BLOCKS_
ON_OPEN => 'false',
COMPRESSION => 'NONE',
BLOCKCACHE => 'true',
BLOCKSIZE => '65536'}
1 row(s)
Took 0.0333 seconds
hbase(main):008:0>
```

命令解析：使用 alter 命令把表 test3 之前的两个名为 info1 和 info2 的列族修改成只剩下一个名为 info2 的列族。

范例四：修改 Region 大小

```
hbase(main):001:0> alter 'test3',MAX_FILESIZE=>'134217728'
Updating all regions with the new schema...
1/1 regions updated.
Done.
Took 2.8394 seconds
```

命令解析：使用 alter 命令把 Region 大小修改为 128MB。

3.3.3　异步修改表信息（alter_async 命令）

alter_async 命令用于异步修改表信息。

语法：

1）异步新增列族：

```
alter_async '表名','列族名称','列族名称'
```

2）异步修改列族可以存储的版本数量：

```
alter_async '表名',{NAME=>'列族名称',VERSIONS=>版本号}
```

3）异步删除列族：

```
alter_async '表名',{NAME=>'列族名称',METHOD=>'delete'}
```

4）异步修改 region 大小：

```
alter_async '表名',MAX_FILESIZE=>'字节数'
```

范例：新增列族

```
#创建表
hbase(main):002:0> create 'test4' ,'info1'
Created table test4
Took 1.9084 seconds
=> HBase::Table - test4
#异步修改表
hbase(main):003:0> alter_async 'test4' ,'info2'
Took 0.9449 seconds
hbase(main):004:0> describe 'test4'
```

命令解析：异步为表 test4 新增名为 info2 的列族。

提　示
需要注意的是，alter 命令和 alter_async 命令的操作语法一致，唯一区别在于一个是同步进行修改，一个是异步进行修改。

如果需要获取异步修改的状态，可以使用 alter_status。

范例如下:

```
hbase(main):006:0> alter_status 'test4'
1/1 regions updated.
Done.
Took 1.0272 seconds
```

3.3.4 获取表的详细信息（describe 命令）

describe 命令用于获取表的详细信息。

语法:

```
describe '表名'
```

范例:

```
hbase(main):003:0> describe 'test4'
Table test4 is ENABLED
test4
COLUMN FAMILIES DESCRIPTION
{NAME => 'info1',
VERSIONS => '1',
EVICT_BLOCKS_ON_CLOSE => 'false',
NEW_VERSION_BEHAVIOR => 'false',
KEEP_DELETED_CELLS => 'FALSE',
CACHE_DATA_ON_WRITE => 'false',
DATA_BLOCK_ENCODING => 'NONE',
TTL => 'FOREVER',
MIN_VERSIONS => '0',
REPLICATION_SCOPE => '0',
BLOOMFILTER => 'ROW',
CACHE_INDEX
_ON_WRITE => 'false',
IN_MEMORY => 'false',
CACHE_BLOOMS_ON_WRITE => 'false',
PREFETCH_BLOCKS_ON_O
PEN => 'false',
COMPRESSION => 'NONE',
BLOCKCACHE => 'true',
BLOCKSIZE => '65536'}
{NAME => 'info2',
VERSIONS => '1',
EVICT_BLOCKS_ON_CLOSE => 'false',
NEW_VERSION_BEHAVIOR => 'false',
KEEP_DELETED_CELLS => 'FALSE',
CACHE_DATA_ON_WRITE => 'false',
DATA_BLOCK_ENCODING => 'NONE',
TTL => 'FOREVER', MIN_VERSIONS => '0',
REPLICATION_SCOPE => '0',
BLOOMFILTER => 'ROW',
CACHE_INDEX
_ON_WRITE => 'false',
IN_MEMORY => 'false',
CACHE_BLOOMS_ON_WRITE => 'false',
```

```
PREFETCH_BLOCKS_ON_OPEN => 'false',
 COMPRESSION => 'NONE',
BLOCKCACHE => 'true',
BLOCKSIZE => '65536'}
2 row(s)
Took 0.0638 seconds
```

上面列出的是表 test4 的详细信息。

3.3.5　获取 HBase 中所有的表（list 命令）

list 命令用于获取 HBase 中存在的所有表。

语法：

```
list
```

范例：

```
hbase(main):001:0> list
TABLE
test2
test3
test3info1
test4
userinfo
5 row(s)
Took 0.7242 seconds
=> ["test2", "test3", "test3info1", "test4", "userinfo"]
```

从上述信息可知，当前 HBase 中存在的所有表分别为 test2、test3、test3info1、test4 和 userinfo。

3.3.6　判断表是否存在（exists 命令）

exists 命令用于判断 HBase 中是否存在此名称的表。

语法：

```
exists '表名'
```

范例：

```
hbase(main):001:0> exists 'test4'
Table test4 does exist
Took 0.8177 seconds
=> true
hbase(main):002:0> exists 'test5'
Table test5 does not exist
Took 0.0063 seconds
=> false
```

从上述信息可知，当前数据库中存在表名为 test4 的表，不存在表名为 test5 的表。

3.3.7　以对象的方式操作表（get_table 命令）

HBase 中可以使用 get_table 命令获取表，将其作为对象返回，通过"对象.方法"的形式操作。

语法：

变量名=get_table '表名'

范例：

```
hbase(main):001:0> t=get_table 'test4'
Took 0.0378 seconds
=> HBase::Table - test4
hbase(main):002:0> t.describe
Table test4 is ENABLED
test4
COLUMN FAMILIES DESCRIPTION
{NAME => 'info1',
VERSIONS => '1',
EVICT_BLOCKS_ON_CLOSE => 'false',
NEW_VERSION_BEHAVIOR => 'false',
KEEP_DELETED_CELLS => 'FALSE',
CACHE_DATA_ON_WRITE => 'false',
DATA_BLOCK_ENCODING => 'NONE',
TTL => 'FOREVER',
MIN_VERSIONS => '0',
REPLICATION_SCOPE => '0',
BLOOMFILTER => 'ROW',
CACHE_INDEX
_ON_WRITE => 'false',
IN_MEMORY => 'false',
CACHE_BLOOMS_ON_WRITE => 'false',
PREFETCH_BLOCKS_ON_O
PEN => 'false', COMPRESSION => 'NONE',
BLOCKCACHE => 'true',
BLOCKSIZE => '65536'}
1 row(s)
Took 0.9637 seconds
```

命令解析：get_table 命令把表 test4 赋值给变量 t，然后通过 t.describe 命令获取表 test4 的详细信息。

3.3.8　启用表（enable 命令）

enable 命令用于启用表。默认创建的表都是启用状态。

语法：

enable '表名'

范例：

```
hbase(main):001:0> enable 'test4'
Took 0.7926 seconds
hbase(main):002:0>
```

命令解析：使用 enable 命令启用表 test4。

3.3.9　启用所有满足正则表达式的表（enable_all 命令）

enable_all 命令用于启用所有满足正则表达式的表。默认创建的表都是启用状态。

语法：

1）启用所有以 t 开头的表：

```
enable_all 't.*'
```

2）启用指定命名空间 ns 下所有以 t 开头的表：

```
enable_all 'ns:t.*'
```

3）启用 ns 命名空间下所有的表：

```
enable_all 'ns:.*'
```

范例一：启用所有以 t 开头的表

```
hbase(main):008:0> enable_all 't.*'
test2
test3
test3info1
test4
Enable the above 4 tables (y/n)?
y
4 tables successfully enabled
Took 3.5627 seconds
```

范例二：启用命名空间 default 下所有以 test3 开头的表

```
hbase(main):001:0> enable_all 'default:test3.*'
test3
test3info1
Enable the above 2 tables (y/n)?
y
2 tables successfully enabled
Took 4.1205 seconds
```

范例三：启用命名空间 default 下所有的表

```
hbase(main):004:0> enable_all 'default:.*'
test2
test3
test3info1
test4
userinfo
Enable the above 5 tables (y/n)?
y
5 tables successfully enabled
Took 3.0670 seconds
```

3.3.10　判断表是否被启用（is_enabled 命令）

is_enabled 命令用于判断表是否被启用。

语法：

```
is_enabled '表名'
```

范例：

```
hbase(main):002:0> is_enabled 'test3'
true
Took 0.0455 seconds
=> true
```

从上述信息可知，表 test3 是启用状态。

3.3.11　禁用表（disable 命令）

disable 命令用于禁用表。

语法：

```
disable'表名'
```

范例：

```
hbase(main):001:0> disable 'test4'
Took 0.7926 seconds
hbase(main):002:0>
```

命令解析：使用 disable 命令禁用表 test4。

3.3.12　禁用所有满足正则表达式的表（disable_all 命令）

disable_all 命令用于禁用所有满足正则表达式的表。

语法：

1）禁用所有以 t 开头的表：

```
disable_all 't.*'
```

2）禁用指定命名空间 ns 下的所有以 t 开头的表：

```
disable_all 'ns:t.*'
```

3）禁用 ns 命名空间下所有的表：

```
disable_all 'ns:.*'
```

范例一：禁用所有以 t 开头的表

```
hbase(main):008:0> disable_all 't.*'
test2
test3
test3info1
```

```
test4
Disable the above 4 tables (y/n)?
y
4 tables successfully disable
Took 3.5627 seconds
```

范例二：禁用命名空间 default 下所有以 test3 开头的表

```
hbase(main):001:0> disable_all 'default:test3.*'
test3
test3info1
Disable the above 2 tables (y/n)?
y
2 tables successfully disable
Took 4.1205 seconds
```

范例三：禁用命名空间 default 下所有的表

```
hbase(main):004:0> disable_all 'default:.*'
test2
test3
test3info1
test4
userinfo
Disable the above 5 tables (y/n)?
y
5 tables successfully disable
Took 3.0670 seconds
```

3.3.13　判断表是否被禁用（is_disabled 命令）

is_disabled 命令用于判断表是否被禁用。

语法：

```
is_enabled '表名'
```

范例：

```
#启用表
hbase(main):003:0> enable 'test3'
Took 0.7868 seconds
#判断表是否被禁用
hbase(main):007:0> is_disabled 'test3'
false
Took 0.0033 seconds
=> 1
#禁用表
hbase(main):008:0> disable 'test3'
Took 0.4293 seconds
#判断此时表是否被禁用
hbase(main):009:0> is_disabled 'test3'
true
Took 0.0110 seconds
=> 1
```

从上述信息可知，禁用表之后 is_disabled 命令获取的结果是 false。

3.3.14　删除表（drop 命令）

drop 命令用于删除表。

语法：

```
drop '表名'
```

> **提　示**
>
> 在删除表时需要注意的是需要先禁用表，然后再删除表，启用的表是不允许删除的。

错误的范例：

```
hbase(main):007:0> enable 'test2'
Took 0.7811 seconds
hbase(main):008:0> drop 'test2'
ERROR: Table test2 is enabled. Disable it first.
For usage try 'help "drop"'
Took 0.0177 seconds
```

从上述信息可知，表 test2 目前是启用状态，当删除表 test2 的时候提示错误。需要先禁用此表，才能进行删除操作。

正确的范例：

```
hbase(main):009:0> disable 'test2'
Took 0.4901 seconds
hbase(main):010:0> drop 'test2'
Took 0.2269 seconds
```

命令解析：先禁用要删除的表 test2，然后执行 drop 命令进行删除。

3.3.15　删除所有满足正则表达式的表（drop_all 命令）

drop_all 命令用于删除所有满足正则表达式的表。

语法：

1）删除所有以 t 开头的表：

```
drop_all 't.*'
```

2）删除指定命名空间 ns 下的所有以 t 开头的表：

```
drop_all 'ns:t.*'
```

3）删除 ns 命名空间下所有的表：

```
drop_all 'ns:.*'
```

范例一：删除所有以 t 开头的表

```
hbase(main):008:0> drop_all 't.*'
```

```
test2
test3
test3info1
test4
Drop the above 4 tables (y/n)?
y
4 tables successfully drop
Took 3.5627 seconds
```

范例二：删除命名空间 default 下所有以 info 开头的表

```
hbase(main):001:0> drop_all 'default:info.*'
info
info1
Drop the above 2 tables (y/n)?
y
2 tables successfully drop
Took 4.1205 seconds
```

范例三：删除命名空间 default 下所有的表

```
hbase(main):004:0> drop_all 'default:.*'
userinfo
classinfo
studentinfo
Drop the above 3 tables (y/n)?
y
5 tables successfully drop
Took 3.0670 seconds
```

3.3.16　获取 RowKey 所在的区域（locate_region 命令）

locate_region 命令用于获取表中对应的 RowKey 所在的 Region。

语法：

```
locate_region '表名','行键'
```

范例：

```
#创建表
hbase(main):003:0> create 'test5' 'info'
ERROR: Table must have at least one column family
For usage try 'help "create"'
Took 0.0262 seconds
hbase(main):004:0> create 'test5' ,'info'
Created table test5
Took 0.8135 seconds
=> HBase::Table - test5
#插入行键为 1 的数据
hbase(main):005:0> put 'test5','1','info:name','zhangsan'
Took 0.2646 seconds
#插入行键为 2 的数据
hbase(main):006:0> put 'test5','2','info:name','lisi'
Took 0.0092 seconds
#获取表中行键等于 1 的 Region
```

```
hbase(main):007:0> locate_region 'test5' '1'
ERROR: wrong number of arguments (1 for 2)
For usage try 'help "locate_region"'
Took 0.0013 seconds
#获取表中 Rowkey 等于 2 的 Region
hbase(main):008:0> locate_region 'test5' ,'1'
HOST                       REGION
 myhbase:16020
  {ENCODED => f3fb97a26e27ae21eccc2e7ea234902e,
NAME => 'test5,
,1631796696724.f 3fb97a26e27ae21eccc2e7ea234902e.',
STARTKEY => '',
ENDKEY => ''}
1 row(s)
Took 0.0209 seconds
=> #<Java::OrgApacheHadoopHBase::HRegionLocation:0x6cc8da1c>
hbase(main):009:0>
hbase(main):010:0* locate_region 'test5' ,'2'
HOST                       REGION
 myhbase:16020
{ENCODED => f3fb97a26e27ae21eccc2e7ea234902e,
 NAME => 'test5,,1631796696724.f3fb97a26e27ae21eccc2e7ea234902e.',
STARTKEY => '',
ENDKEY => ''}
1 row(s)
Took 0.0045 seconds
=> #<Java::OrgApacheHadoopHBase::HRegionLocation:0x6cc8da1c>
```

3.3.17 显示 HBase 支持的过滤器（show_filters 命令）

show_filters 命令用于显示当前 HBase 所支持的过滤器。显示的过滤器用作 get 和 scan 命令支持的筛选数据的条件。

语法：

```
show_filters
```

范例：

```
hbase(main):011:0> show_filters
DependentColumnFilter
KeyOnlyFilter
ColumnCountGetFilter
SingleColumnValueFilter
PrefixFilter
SingleColumnValueExcludeFilter
FirstKeyOnlyFilter
ColumnRangeFilter
ColumnValueFilter
TimestampsFilter
FamilyFilter
QualifierFilter
ColumnPrefixFilter
RowFilter
MultipleColumnPrefixFilter
```

```
InclusiveStopFilter
PageFilter
ValueFilter
ColumnPaginationFilter
Took 0.0124 seconds
=> #<Java::JavaUtil::HashMap::KeySet:0xb32e983>
```

上面列出的是当前 HBase 环境中支持的所有过滤器。

3.4　命名空间

命名空间是指对一组表的逻辑分组，类似于关系数据库的"Database"概念，方便对表在业务上进行划分。每个命名空间下可以有多个表。本节主要介绍有关命名空间的操作命令。

3.4.1　创建命名空间（create_namespace 命令）

create_namespace 命令用于创建命名空间。

语法：

```
create_namespace  '命名空间名称'
```

范例：

```
#创建名为 ns1 的命名空间
hbase(main):020:0> create_namespace 'ns1'
Took 0.1221 seconds
#在 ns1 的命名空间下创建名为 test 的表
hbase(main):018:0> create 'ns1:test','info'
Created table ns1:test
Took 0.7328 seconds
```

3.4.2　修改命名空间（alter_namespace 命令）

alter_namespace 命令用于修改命名空间。

语法：

```
#修改或者增加属性
alter_namespace  '命名空间名称',{METHOD=>'set','属性名'=>'属性值'}

#删除属性
alter_namespace  '命名空间名称',{METHOD=>'unset','属性名'=>'属性值'}
```

范例一：给命名空间增加一个属性

```
hbase(main):022:0> alter_namespace 'ns1', {METHOD => 'set', 'PROPERTY_NAME'
=> 'PROPERTY_VALUE'}
Took 0.2775 seconds
```

范例二：删除命名空间的属性

```
hbase(main):023:0> alter_namespace 'ns1', {METHOD => 'unset',
NAME=>'PROPERTY_NAME'}
Took 0.2288 seconds
```

3.4.3 获取命名空间详情（describe_namespace 命令）

describe_namespace 命令用于获取命名空间的详情。

语法：

```
describe_namespace  '命名空间名称'
```

范例：

```
#获取命名空间 n1 的详细信息
hbase(main):024:0> describe_namespace 'ns1'
DESCRIPTION
{NAME => 'ns1'}
Took 0.0189 seconds
=> 1
#给命名空间增加一个属性
hbase(main):029:0> alter_namespace 'ns1', {METHOD => 'set', 'PROPERTY_NAME'
=> 'PROPERTY_VALUE'}
Took 0.2458 seconds
#获取修改之后命名空间的属性
hbase(main):030:0> describe_namespace 'ns1'
DESCRIPTION
{NAME => 'ns1', PROPERTY_NAME => 'PROPERTY_VALUE'}
Took 0.0272 seconds
=> 1
```

3.4.4 获取命名空间下所有表的名称（list_namespace_tables 命令）

list_namespace_tables 命令用于获取命名空间下所有表的名称。

语法：

```
list_namespace_tables  '命名空间名称'
```

范例：

```
hbase(main):032:0> list_namespace_tables 'ns1'
TABLE
test
1 row(s)
Took 0.0207 seconds
=> ["test"]
```

3.4.5 获取所有的命名空间（list_namespace 命令）

list_namespace 命令用于获取当前 HBase 中所有的命名空间。

语法：

```
list_namespace
```

范 例：

```
hbase(main):033:0> list_namespace
NAMESPACE
default
hbase
ns1
ns2
4 row(s)
Took 0.0340 seconds
```

3.4.6　删除命名空间（drop_namespace 命令）

drop_namespace 命令用于删除指定的命名空间。

语法：

```
drop_namespace '命名空间名称'
```

提　示
在删除命名空间之前，要把当前命名空间下的表全部删除。

范 例：

```
#禁用 ns1 命名空间下所有的表
hbase(main):005:0> disable_all 'ns1:.*'
ns1:test
Disable the above 1 tables (y/n)?
y
1 tables successfully disabled
Took 2.7158 seconds
#删除命名空间下的所有表
hbase(main):006:0> drop_all 'ns1:.*'
ns1:test
Drop the above 1 tables (y/n)?
y
1 tables successfully dropped
Took 1.9795 seconds
#删除命名空间
hbase(main):007:0> drop_namespace 'ns1'
Took 0.1231 seconds
hbase(main):008:0>
```

3.5　DML 命令

数据操纵语言（Data Manipulation Language，DML）用于数据库的操作，比如对表数据进行增删改查。本节主要介绍 HBase 中如何使用 DML 命令对表数据进行操作。

3.5.1 新增或者修改数据（put 命令）

put 命令用于新增或者修改数据。

语法：

```
put '表名', '行键', '列族名', '列值'
put '表名', '行键', '列族名:列名', '列值'
```

范例：

```
#创建表
create 'student', 'info', 'detail', 'address'
#第一行数据
put 'student', 'rowkey1', 'info:id', '1'
put 'student', 'rowkey1', 'info:name', 'zhangsan'
put 'student', 'rowkey1', 'info:age', '18'
put 'student', 'rowkey1', 'detail:birthday', '2002/1/1'
put 'student', 'rowkey1', 'detail:email', 'zhangsan@qq.com'
put 'student', 'rowkey1', 'address', 'shanghai'
#第二行数据
put 'student', 'rowkey2', 'info:id', '2'
put 'student', 'rowkey2', 'info:name', 'lisi'
put 'student', 'rowkey2', 'info:age', '19'
put 'student', 'rowkey2', 'detail:birthday', '2001/1/1'
put 'student', 'rowkey2', 'detail:email', 'lisi@11.com'
put 'student', 'rowkey2', 'address', 'beijing'
#第三行数据
put 'student', 'rowkey3', 'info:id', '3'
put 'student', 'rowkey3', 'info:name', 'wangwu'
put 'student', 'rowkey3', 'info:age', '20'
put 'student', 'rowkey3', 'detail:birthday', '2000/1/1'
put 'student', 'rowkey3', 'detail:email', 'wangwu@qq.com'
put 'student', 'rowkey3', 'address', 'beijing'
```

命令解析：向表 student 中新增 3 行数据，其逻辑视图如表 3-1 所示。

表3-1　向表student中新增3行数据的逻辑视图

RowKey	info			detail		address
	id	name	age	birthday	email	
rowkey1	1	zhangsan	18	2002/1/1	zhangsan@qq.com	shanghai
rowkey2	2	lisi	19	2001/1/1	lisi@11.com	beijing
rowkey3	3	wangwu	20	2000/1/1	wangwu@qq.com	beijing

3.5.2 全表扫描数据（scan 命令）

scan 命令用于扫描表数据。

语法：

1）扫描所有列数据：

```
scan '表名'
```

2）扫描整个列族数据：

```
scan '表名', {COLUMN=>'列族名'}
```

3）扫描列族的指定列数据：

```
scan '表名', {COLUMN=>'列族名:列名'}
scan '表名', {COLUMNS=>['列族名:列名','列族名:列名']}
```

4）扫描指定列数据并且返回只扫描 n 行数据：

```
scan '表名', {COLUMNS=>['列族名:列名','列族名:列名'],LIMIT => n}
```

5）扫描指定范围内的列数据，从 startrow 扫描到 stoprow：

```
scan '表名', {COLUMNS=>['列族名:列名','列族名:列名'],STARTROW =>
'startrow',STOPRROW='stoprow'}
```

6）过滤扫描：

```
scan'表名',STARTROW=>'start',COLUMNS=>['列族名:列名','列族名:列
名'],FILTER=>"ValueFilter(=,'substring:str')"
```

7）等值查询：

```
scan '表名', FILTER=>"ValueFilter(=,'binary:匹配值')"
```

8）模糊查询：

```
scan '表名', FILTER=>"ValueFilter(=,substring:模糊值')"
```

9）范围查询：

```
scan '表名', FILTER=>"ValueFilter(<=,'binary:范围值')"
```

10）多个条件过滤：

```
scan 'student', FILTER=>"ValueFilter(=,'binary:values') OR ValueFilter
(=,'binary:values')"
```

范例一：扫描表 student 中的所有数据

```
hbase(main):001:0> scan 'student'
ROW           COLUMN+CELL
 rowkey1      column=address:, timestamp=1631804216633, value=shanghai
 rowkey1      column=detail:birthday, timestamp=1631804216577, value=2002/1/1
 rowkey1      column=detail:email, timestamp=1631804216602, value=zhangsan@qq.com
 rowkey1      column=info:age, timestamp=1631804216540, value=18
 rowkey1      column=info:id, timestamp=1631804216459, value=1
 rowkey1      column=info:name, timestamp=1631804216498, value=zhangsan
 rowkey2      column=address:, timestamp=1631804217041, value=beijing
 rowkey2      column=detail:birthday, timestamp=1631804216961, value=2001/1/1
 rowkey2      column=detail:email, timestamp=1631804217008, value=lisi@11.com
 rowkey2      column=info:age, timestamp=1631804216928, value=19
 rowkey2      column=info:id, timestamp=1631804216881, value=2
 rowkey2      column=info:name, timestamp=1631804216905, value=lisi
 rowkey3      column=info:age, timestamp=1631804217162, value=20
 rowkey3      column=info:id, timestamp=1631804217112, value=3
 rowkey3      column=info:name, timestamp=1631804217125, value=wangwu
 rowkey3      column=address:,timestamp=1631804219651,value=beijing
```

```
 rowkey3      column=detail:birthday,timestamp=1631804217194,value=2000/1/1
 rowkey3      column=detail:email,timestamp=1631804217242,value=wangwu@qq.com
4 row(s)
Took 0.7076 seconds
```

范例二：扫描表 student 内 info 列簇中的数据

```
hbase(main):013:0> scan 'student', {COLUMN=>'info'}
ROW           COLUMN+CELL
 rowkey1      column=info:age, timestamp=1631804216540, value=18
 rowkey1      column=info:id, timestamp=1631804216459, value=1
 rowkey1      column=info:name, timestamp=1631804216498, value=zhangsan
 rowkey2      column=info:age, timestamp=1631804216928, value=19
 rowkey2      column=info:id, timestamp=1631804216881, value=2
 rowkey2      column=info:name, timestamp=1631804216905, value=lisi
 rowkey3      column=info:age, timestamp=1631804217162, value=20
 rowkey3      column=info:id, timestamp=1631804217112, value=3
 rowkey3      column=info:name, timestamp=1631804217125, value=wangwu
3 row(s)
Took 0.0283 seconds
```

范例三：扫描表 student 内列簇 info 中 age 和 id 的列数据

```
hbase(main):004:0> scan 'student', {COLUMNS=>['info:age','info:id']}
ROW           COLUMN+CELL
 rowkey1      column=info:age, timestamp=1631804216540, value=18
 rowkey1      column=info:id, timestamp=1631804216459, value=1
 rowkey2      column=info:age, timestamp=1631804216928, value=19
 rowkey2      column=info:id, timestamp=1631804216881, value=2
 rowkey3      column=info:age, timestamp=1631804217162, value=20
 rowkey3      column=info:id, timestamp=1631804217112, value=3
3 row(s)
Took 0.7344 seconds
```

范例四：扫描指定列数据并且只扫描一行数据

```
hbase(main):002:0> scan 'student', {COLUMNS=>['info:age','info:id'],LIMIT
=> 1}
ROW           COLUMN+CELL
 rowkey1      column=info:age, timestamp=1631804216540, value=18
 rowkey1      column=info:id, timestamp=1631804216459, value=1
1 row(s)
Took 0.0556 seconds
```

范例五：扫描指定列数据，从 rowkey2 开始扫描

```
hbase(main):001:0> scan 'student', {COLUMNS=>['info:age','info:id'],STARTROW
=> 'rowkey2'}
ROW           COLUMN+CELL
 rowkey2      column=info:age, timestamp=1631804216928, value=19
 rowkey2      column=info:id, timestamp=1631804216881, value=2
 rowkey3      column=info:age, timestamp=1631804217162, value=20
 rowkey3      column=info:id, timestamp=1631804217112, value=3
2 row(s)
Took 0.7943 seconds
```

范例六：扫描指定列数据，从 rowkey2 开始扫描，只扫描 2 行数据

```
hbase(main):004:0> scan 'student', {COLUMNS=>['info:age','info:id'],LIMIT =>
2,STARTROW => 'rowkey2'}
ROW            COLUMN+CELL
 rowkey2       column=info:age, timestamp=1631804216928, value=19
 rowkey2       column=info:id, timestamp=1631804216881, value=2
 rowkey3       column=info:age, timestamp=1631804217162, value=20
 rowkey3       column=info:id, timestamp=1631804217112, value=3
2 row(s)
Took 0.0331 seconds
```

范例七：扫描表 student 中行键以 row 开头的数据

```
hbase(main):001:0> scan 'student',{COLUMNS=>['info:age','info:id'], FILTER =>
"PrefixFilter ('row')" }
ROW            COLUMN+CELL
 rowkey1       column=info:age, timestamp=1631804216540, value=18
 rowkey1       column=info:id, timestamp=1631804216459, value=1
 rowkey2       column=info:age, timestamp=1631804216928, value=19
 rowkey2       column=info:id, timestamp=1631804216881, value=2
 rowkey3       column=info:age, timestamp=1631804217162, value=20
 rowkey3       column=info:id, timestamp=1631804217112, value=3
3 row(s)
Took 0.7278 seconds
```

范例八：扫描表 student 中行键从 rowkey1 开始到 rowkey3 结束，并且行键以 row 开头的数据

```
hbase(main):002:0>  scan 'student',{COLUMNS=>['info:age','info:id'],
STARTROW=>'rowkey1',STOPROW='rowkey3',FILTER => "PrefixFilter ('row')" }
ROW            COLUMN+CELL
 rowkey1       column=info:age, timestamp=1631804216540, value=18
 rowkey1       column=info:id, timestamp=1631804216459, value=1
 rowkey2       column=info:age, timestamp=1631804216928, value=19
 rowkey2       column=info:id, timestamp=1631804216881, value=2
 rowkey3       column=info:age, timestamp=1631804217162, value=20
 rowkey3       column=info:id, timestamp=1631804217112, value=3
3 row(s)
Took 0.0774 seconds
```

从上术信息可知，查询的内容中仅包含开始的值，不包含结束的值。

范例九：扫描表 student 中值等于 18 的数据

```
hbase(main):010:0> scan 'student', FILTER=>"ValueFilter(=,'binary:18')"
ROW            COLUMN+CELL
 rowkey1       column=info:age, timestamp=1631804216540, value=18
1 row(s)
Took 0.0686 seconds
```

范例十：扫描表 student 中值模糊匹配 2 的数据

```
hbase(main):010:0> scan 'student', FILTER=>"ValueFilter(=,'substring:2')"
ROW            COLUMN+CELL
 rowkey1       column=detail:birthday, timestamp=1631804216577, value=2002/1/1
 rowkey2       column=detail:birthday, timestamp=1631804216961, value=2001/1/1
 rowkey2       column=info:id, timestamp=1631804216881, value=2
```

```
 rowkey3      column=info:age, timestamp=1631804217162, value=20
 rowkey3      column=detail:birthday, timestamp=1631804217194, value=2000/1/1
4 row(s)
Took 0.0248 seconds
```

范例十一：扫描表 student 中值大于或等于 2 的数据

```
hbase(main):012:0>  scan 'student', FILTER=>"ValueFilter(>=,'binary:2')"
ROW            COLUMN+CELL
 rowkey1      column=address:, timestamp=1631804216633, value=shanghai
 rowkey1      column=detail:birthday, timestamp=1631804216577, value=2002/1/1
 rowkey1      column=detail:email, timestamp=1631804216602,
value=zhangsan@qq.com
 rowkey1      column=info:name, timestamp=1631804216498, value=zhangsan
 rowkey2      column=address:, timestamp=1631804217041, value=beijing
 rowkey2      column=detail:birthday, timestamp=1631804216961, value=2001/1/1
 rowkey2      column=detail:email, timestamp=1631804217008, value=lisi@11.com
 rowkey2      column=info:id, timestamp=1631804216881, value=2
 rowkey2      column=info:name, timestamp=1631804216905, value=lisi
 rowkey3      column=info:age, timestamp=1631804217162, value=20
 rowkey3      column=info:id, timestamp=1631804217112, value=3
 rowkey3      column=info:name, timestamp=1631804217125, value=wangwu
 rowkey3      column=address:, timestamp=1631804219651, value=beijing
 rowkey3      column=detail:birthday, timestamp=1631804217194, value=2000/1/1
 rowkey3      column=detail:email, timestamp=1631804217242, value=wangwu@qq.com
4 row(s)
Took 0.0445 seconds


scan 'student', FILTER=>"ValueFilter(=,'binary:2') OR
ValueFilter(=,'binary:1')"
```

范例十二：扫描表 student 中值等于 2 或者等于 1 的数据

```
hbase(main):022:0> scan 'student', FILTER=>"ValueFilter(=,'binary:2') OR
ValueFilter(=,'binary:1')"
ROW            COLUMN+CELL
 rowkey1      column=info:id, timestamp=1631804216459, value=1
 rowkey2      column=info:id, timestamp=1631804216881, value=2
2 row(s)
Took 0.1197 s
```

通过 scan 命令对数据进行过滤时，可以使用 AND 或者 OR 连接多个筛选条件。

3.5.3 获取表中数据的总行数（count 命令）

count 命令用于获取表中数据的总行数。

语法：

```
count '表名'
```

范例：

```
hbase(main):013:0> count 'student'
4 row(s)
```

```
Took 0.0265 seconds
=> 4
```

从上述信息可知，当前表 student 中总共有 4 行数据。

3.5.4　获取表中的数据（get 命令）

get 命令用于获取表中的数据。

语法：

1）根据行键获取指定的某一个列族数据。

```
get '表名','行键','列族'
```

2）根据行键获取指定的多个列族数据。

```
get '表名', '行键', {COLUMN => ['列族名称', '列族名称']}
```

3）根据行键获取列族的多个版本值。

```
get '表名', '行键', {COLUMN => '列族名称', VERSIONS => 3}
```

4）根据行键获取列族的指定时间戳数据。

```
get '表名', '行键', {COLUMN => '列族名称', TIMESTAMP=> 时间戳}
```

5）等值查询。

```
get '表名', '行键', FILTER=>"ValueFilter(=,'binary:匹配值')"
```

6）模糊查询。

```
get '表名',  '行键',FILTER=>"ValueFilter(=,substring:模糊值')"
```

7）范围查询。

```
get '表名', '行键', FILTER=>"ValueFilter(<=,'binary:范围值')"
```

范例一：根据行键获取表数据

```
hbase(main):015:0> get 'student','rowkey1'
COLUMN                  CELL
 address:                timestamp=1631804216633, value=shanghai
 detail:birthday         timestamp=1631804216577, value=2002/1/1
 detail:email            timestamp=1631804216602, value=zhangsan@qq.com
 info:age                timestamp=1631804216540, value=18
 info:id                 timestamp=1631804216459, value=1
 info:name               timestamp=1631804216498, value=zhangsan
1 row(s)
Took 0.0852 seconds
```

范例二：根据行键获取指定的某一个列族数据

```
hbase(main):016:0> get 'student','rowkey1','info'
COLUMN                  CELL
 info:age                timestamp=1631804216540, value=18
 info:id                 timestamp=1631804216459, value=1
 info:name               timestamp=1631804216498, value=zhangsan
```

```
1 row(s)
Took 0.0103 seconds
```

范例三：根据行键获取指定的多个列族数据

```
hbase(main):001:0> get 'student', 'rowkey1', {COLUMN => ['info', 'address']}
COLUMN                    CELL
 address:                 timestamp=1631804216633, value=shanghai
 info:age                 timestamp=1631804216540, value=18
 info:id                  timestamp=1631804216459, value=1
 info:name                timestamp=1631804216498, value=zhangsan
1 row(s)
Took 0.7855 seconds
```

范例四：根据行键获取列族的多个版本值

```
#创建表
hbase(main):037:0> create 'test_version','info'
Created table test_version
Took 0.7160 seconds
=> HBase::Table - test_version
#写入行键等于 1 的数据
hbase(main):038:0> put 'test_version','1','info:name','zhangsan'
Took 0.0160 seconds
#修改行键等于 1 的数据
hbase(main):039:0> put 'test_version','1','info:name','lisi'
Took 0.0238 seconds
hbase(main):040:0> put 'test_version','1','info:name','wangwu'
Took 0.0072 seconds
#根据行键获取 info 列族的 3 个版本值
hbase(main):041:0> get 'test_version','1',{COLUMN=>'info',VERSIONS=>3}
COLUMN                    CELL
 info:name                timestamp=1631819224763, value=wangwu
1 row(s)
Took 0.0094 seconds
#修改表可存储的版本数量为 3
hbase(main):042:0> alter 'test_version',{NAME=>'info',VERSIONS=>3}
Updating all regions with the new schema...
1/1 regions updated.
Done.
Took 1.7223 seconds
#修改行键等于 1 的数据
hbase(main):043:0> put 'test_version','1','info:name','zhaoliu'
Took 0.0049 seconds
#修改行键等于 1 的数据
hbase(main):044:0> put 'test_version','1','info:name','libai'
Took 0.0057 seconds
#根据行键获取 info 列族的 3 个版本值
hbase(main):045:0> get 'test_version','1',{COLUMN=>'info',VERSIONS=>3}
COLUMN                    CELL
 info:name                timestamp=1631819274648, value=libai
 info:name                timestamp=1631819267900, value=zhaoliu
 info:name                timestamp=1631819224763, value=wangwu
1 row(s)
Took 0.0129 seconds
hbase(main):046:0>
```

从上述信息可知，创建了一个表，默认可存储的版本数量是 1；当我们在表中插入数据之后，利用 get 命令获取列族的 3 个版本时只获取到了最后一次更新的值；想要获取列族的多个版本值时需要在创建表时就指定版本数量，或者使用 alter 命令修改可存储的版本数量。

范例五：获取指定时间戳的数据

```
get 'test_version','1',{COLUMN=>'info:name',TIMESTAMP=>1631819274648}
COLUMN                      CELL
 info:name                  timestamp=1631819274648, value=libai
1 row(s)
Took 0.0047 seconds
```

范例六：查询表 student 中行键等于 rowkey1 并且值等于 18 的数据

```
hbase(main):010:0> get
'student','rowkey1',FILTER=>"ValueFilter(=,'binary:18')"
    ROW                     COLUMN+CELL
 rowkey1                    column=info:age, timestamp=1631804216540, value=18
1 row(s)
Took 0.0686 seconds
```

范例七：查询表 student 中行键等于 rowkey1 并且值模糊匹配 2 的数据

```
hbase(main):010:0> get
'student','rowkey1',FILTER=>"ValueFilter(=,'substring:2')"
    COLUMN                  CELL
 detail:birthday            timestamp=1631804216577, value=2002/1/1
1 row(s)
Took 0.0201 seconds
```

范例八：查询表 student 中行键等于 rowkey1 并且值大于等于 2 的数据

```
hbase(main):012:0>  get
'student','rowkey1',FILTER=>"ValueFilter(>=,'binary:2')"
    ROW                     COLUMN+CELL
 rowkey1                    column=address:, timestamp=1631804216633,
value=shanghai
 rowkey1                    column=detail:birthday, timestamp=1631804216577,
value=2002/1/1
 rowkey1                    column=detail:email, timestamp=1631804216602,
value=zhangsan@qq.com
 rowkey1                    column=info:name, timestamp=1631804216498,
value=zhangsan
```

3.5.5　删除列族中的某个列（delete 命令）

delete 命令用于删除列族中的某个列。

语法：

```
delete '表名', '行键', '列族名:列名'
```

范例：

```
#创建表
hbase(main):001:0> create 'test7', 'info1'
```

```
Created table test7
Took 1.4123 seconds
=> HBase::Table - test7
#新增行键等于 rowKey1 的 name 列的值
hbase(main):002:0> put 'test7', 'rowKey1', 'info1:name', 'clay'
Took 0.2587 seconds
#新增行键等于 rowKey1 的 age 列的值
hbase(main):003:0> put 'test7', 'rowKey1', 'info1:age', 18
Took 0.0241 seconds
#扫描当前表中的所有数据
hbase(main):004:0> scan 'test7'
ROW                  COLUMN+CELL
 rowKey1             column=info1:age, timestamp=1631887075504, value=18
 rowKey1             column=info1:name, timestamp=1631887073867, value=clay
1 row(s)
Took 0.0480 seconds
#删除行键等于 rowKey1 的 age 列
hbase(main):005:0> delete 'test7', 'rowKey1', 'info1:age'
Took 0.0280 seconds
#删除操作之后扫描表中的所有数据
hbase(main):006:0> scan 'test7'
ROW                  COLUMN+CELL
 rowKey1             column=info1:name, timestamp=1631887073867, value=clay
1 row(s)
Took 0.0385 seconds
hbase(main):007:0>
```

3.5.6　删除整行数据（delete 命令）

delete 命令用于删除列族中的某个列。

语法：

```
deleteall '表名', '行键'
```

范例：

```
#创建表
hbase(main):007:0> create 'test8', 'info1'
Created table test8
Took 0.7384 seconds
=> HBase::Table - test8
#新增一行其行键等于 rowkey1 的数据
hbase(main):008:0> put 'test8', 'rowkey1', 'info1:name', 'clay'
Took 0.0138 seconds
#新增一行其行键等于 rowkey2 的数据
hbase(main):009:0> put 'test8', 'rowkey2', 'info1:name', 'zhangsan'
Took 0.0060 seconds
#扫描当前表中的所有数据
hbase(main):010:0> scan 'test8'
ROW                  COLUMN+CELL
 rowkey1             column=info1:name, timestamp=1631887526321, value=clay
 rowkey2             column=info1:name, timestamp=1631887527856, value=zhangsan
2 row(s)
Took 0.0089 seconds
```

```
#删除整行其行键等于 rowkey1 的数据
hbase(main):011:0> deleteall 'test8', 'rowkey1'
Took 0.0048 seconds
#删除操作之后扫描表中的所有数据
hbase(main):012:0> scan 'test8'
ROW                 COLUMN+CELL
 rowkey2            column=info1:name, timestamp=1631887527856, value=zhangsan
1 row(s)
Took 0.0071 seconds
```

3.5.7　列值自增（incr 命令）

incr 命令用于列值自增。

语 法：

```
incr '表名', '行键', '列族:列名', 步长值
```

范 例：

```
#创建表
hbase(main):020:0> create 'test10','info'
Created table test10
Took 0.7239 seconds
=> HBase::Table - test10
#列值自增
hbase(main):021:0> incr 'test10','rowkey1','info:age',1
COUNTER VALUE = 1
Took 0.0699 seconds
#列值自增
hbase(main):022:0> incr 'test10','rowkey1','info:age',2
COUNTER VALUE = 3
#列值自增
Took 0.0033 seconds
hbase(main):023:0> incr 'test10','rowkey1','info:age',3
COUNTER VALUE = 6
Took 0.0085 seconds
#列值自增
hbase(main):024:0> incr 'test10','rowkey1','info:age',4
COUNTER VALUE = 8
Took 0.0035 seconds
#使用 put 命令修改列值
hbase(main):027:0> put 'test10','rowkey1','info:age',5
Took 0.0032 seconds
#列值自增
hbase(main):028:0> incr 'test10','rowkey1','info:age',1
ERROR: org.apache.hadoop.hbase.DoNotRetryIOException: Field is not a long,
it's 1 bytes wide
        at org.apache.hadoop.hbase.regionserver.HRegion.getLongValue(HRegion.
java:8039)
        at org.apache.hadoop.hbase.regionserver.HRegion.reckonDeltasByStore
(HRegion.java:7978)
        at org.apache.hadoop.hbase.regionserver.HRegion.reckonDeltas(HRegion.
java:7912)
        at org.apache.hadoop.hbase.regionserver.HRegion.doDelta(HRegion.java
```

```
:7763)
        at org.apache.hadoop.hbase.regionserver.HRegion.increment(HRegion.
java:7725)
        at org.apache.hadoop.hbase.regionserver.RSRpcServices.increment
(RSRpcServices.java:734)
        at org.apache.hadoop.hbase.regionserver.RSRpcServices.mutate
(RSRpcServices.java:2788)
        at org.apache.hadoop.hbase.shaded.protobuf.generated.ClientProtos
$ClientService$2.callBlockingMethod(ClientProtos.java:42000)
        at org.apache.hadoop.hbase.ipc.RpcServer.call(RpcServer.java:413)
        at org.apache.hadoop.hbase.ipc.CallRunner.run(CallRunner.java:130)
        at org.apache.hadoop.hbase.ipc.RpcExecutor$Handler.run(RpcExecutor.
java:324)
        at org.apache.hadoop.hbase.ipc.RpcExecutor$Handler.run(RpcExecutor.
java:304)

    For usage try 'help "incr"'
    Took 0.0337 seconds
```

从上述信息可知，执行 incr 命令可以对不存在的行键进行操作，如果列值已经使用 put 命令操作过，则会抛出异常信息。

3.5.8 获取自增后的列值（get_counter 命令）

get_counter 命令用于获取自增后的列值。

语 法：

```
get_counter '表名', '行键', '列族:列名'
```

范 例：

```
#创建表
hbase(main):029:0> create 'test11','info'
Created table test11
Took 0.7249 seconds
=> HBase::Table - test11
#列值自增
hbase(main):031:0> incr 'test11','rowkey1','info:age',1
COUNTER VALUE = 1
Took 0.0177 seconds
#列值自增
hbase(main):032:0> incr 'test11','rowkey1','info:age',1
COUNTER VALUE = 2
Took 0.0122 seconds
#扫描表数据
hbase(main):033:0> scan 'test11'
ROW                    COLUMN+CELL
 rowkey1               column=info:age, timestamp=1631889150295,
value=\x00\x00\x00\x00\x00\x00\x00\x02
1 row(s)
Took 0.0103 seconds
#根据 get_counter 获取自增后的列值
hbase(main):035:0> get_counter 'test11','rowkey1','info:age'
COUNTER VALUE = 2
```

```
Took 0.0075 seconds
```

从上述信息可知，使用 incr 命令自增的列值，通过执行 scan 命令返回的结果不是直观可见的；利用 get_counter 命令获取的自增列值是直观可见的。

3.5.9　获取表所对应的 Region 数量（get_splits 命令）

get_splits 命令用于获取表所对应的 Region 数量。

语法：

```
get_splits '命名空间:表名'
get_splits '表名'
```

范例：

```
#创建表
hbase(main):013:0> create 'test12', 'info1'
Created table test12
Took 2.1143 seconds
=> HBase::Table - test12
hbase(main):014:0>
#获取表对应的 Region 数量
hbase(main):020:0> get_splits 'test12'
Total number of splits = 1
Took 0.0103 seconds
```

从上述信息可知，默认情况下表的 Region 数量是 1。

3.5.10　清空整个表数据，不保留分区（truncat 命令）

truncat 命令用于清空整个表数据。truncat 操作相当于先禁用表、再删除表、最后重新创建表的组合操作，该命令还删除了分区。

语法：

```
truncate '表名'
```

范例：

```
#创建表
hbase(main):007:0> create 'test13', 'info1'
Created table test13
Took 0.7343 seconds
=> HBase::Table - test13
#新增一行其行键等于 rowkey1 的数据
hbase(main):008:0> put 'test13', 'rowkey1', 'info1:name', 'clay'
Took 0.0123 seconds
#新增一行其行键等于 rowkey2 的数据
hbase(main):009:0> put 'test13', 'rowkey2', 'info1:name', 'zhangsan'
Took 0.0023 seconds
#扫描当前表的所有数据
hbase(main):010:0> scan 'test13'
ROW                 COLUMN+CELL
 rowkey1            column=info1:name, timestamp=1631887526321, value=clay
```

```
rowkey2          column=info1:name, timestamp=1631887527856, value=zhangsan
2 row(s)
Took 0.0089 seconds
#清空整个表数据
hbase(main):018:0* truncate 'test13'
Truncating 'test13' table (it may take a while):
Disabling table...
Truncating table...
Took 1.2432 seconds
#清空之后再扫描表数据
hbase(main):019:0> scan 'test13'
ROW                      COLUMN+CELL
0 row(s)
Took 0.5360 seconds
```

3.5.11 清空整个表数据，保留分区（truncat_ preserve 命令）

truncat_ preserve 命令用于清空整个表数据，并且保留了分区。

语法：

```
truncate_preserve '表名'
```

范例：

```
#创建表
hbase(main):007:0> create 'test14', 'info1'
Created table test14
Took 0.7383 seconds
=> HBase::Table - test14
#清空整个表数据，并保留分区
hbase(main):018:0* truncate 'test14'
Truncating 'test14' table (it may take a while):
Disabling table...
Truncating table...
Took 1.2421 seconds
#清空之后再扫描表数据
hbase(main):019:0> scan 'test14'
ROW                      COLUMN+CELL
0 row(s)
Took 0.5343 seconds
```

第 4 章

Java 对接 HBase

本章主要内容：

● 实现表操作
● 实现表数据操作
● 代码封装

本章主要介绍 HBase 和 Java 程序的对接。不能让使用 HBase 的用户只是使用 shell 命令，而应该把 HBase 结合到应用程序中。本章将从基础的"HelloWorld"开始，全面介绍使用 Java 语言编写应用程序如何调用 HBase 提供的 API。

4.1　从"HelloWorld"开始

连接 HBase 的最通用的编程语言是 Java，本节将介绍如何使用 Java 调用 HBase 的客户端 API（Application Program Interface，应用程序接口）来操作 HBase。

在开始之前，我们需要新建一个 Java 项目。

1. 新建 Java 项目

IDEA（IntelliJ IDEA）是 Java 编程语言开发的集成环境，这里使用 IDEA 新建一个操作 HBase 的项目。

1）打开 IDEA，新建一个 Maven 项目，如图 4-1 所示。

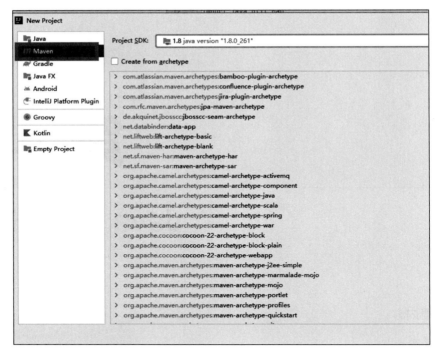

图 4-1　新建 Maven 项目

新建 Maven 的项目是为了下载 HBase 所依赖的 jar 包，让操作变得简单。

2）输入项目名称和项目路径，如图 4-2 所示。

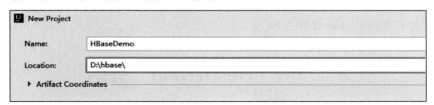

图 4-2　设置项目名称和路径

完成上述操作之后，项目就创建成功，此时项目中会有一个 pom.xml 文件，如图 4-3 所示。pom.xml 文件用于配置开发 Java 程序的相关依赖包。

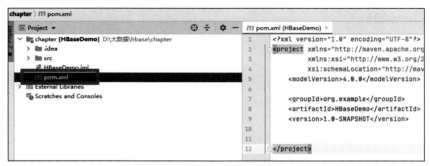

图 4-3　pom.xml 文件

3）编辑 pom.xml 文件，配置 Java 对接 HBase 相关的依赖环境。

以下是 pom.xml 文件中需要添加的内容：

```xml
<dependencies>
    <dependency>
        <groupId>org.apache.hbase</groupId>
        <artifactId>hbase-client</artifactId>
        <version>2.1.3</version>
    </dependency>

    <dependency>
        <groupId>org.apache.hbase</groupId>
        <artifactId>hbase-server</artifactId>
        <version>2.1.3</version>
    </dependency>
</dependencies>
```

添加完成之后，pom.xml 的文件内容如图 4-4 所示。

```xml
 m pom.xml (HBaseDemo) ×
 1    <?xml version="1.0" encoding="UTF-8"?>
 2    <project xmlns="http://maven.apache.org/POM/4.0.0"
 3             xmlns:xsi="http://www.w3.org/2001/XMLSchema-instance"
 4             xsi:schemaLocation="http://maven.apache.org/POM/4.0.0 http://maven.apache.org/xsd/maven-4.0.0.xsd">
 5        <modelVersion>4.0.0</modelVersion>
 6
 7        <groupId>org.example</groupId>
 8        <artifactId>HBaseDemo</artifactId>
 9        <version>1.0-SNAPSHOT</version>
10
11        <dependencies>
12            <dependency>
13                <groupId>org.apache.hbase</groupId>
14                <artifactId>hbase-client</artifactId>
15                <version>2.1.3</version>
16            </dependency>
17
18            <dependency>
19                <groupId>org.apache.hbase</groupId>
20                <artifactId>hbase-server</artifactId>
21                <version>2.1.3</version>
22            </dependency>
23        </dependencies>
```

图 4-4　pom.xml 文件内容详情

2. 创建 "HelloWorld" 类

1）在项目中创建一个名为 "HelloWorld" 的类，如图 4-5 所示。

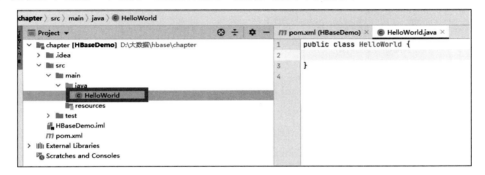

图 4-5　新建 HelloWorld 类

2）在此类中编写一个 Java 调用 HBase 的简单程序，该程序用来判断 HBase 中是否存在对应的表。

程序步骤说明如下：

步骤 01 新建 main 方法。

步骤 02 在 main 方法中编写连接 HBase 的程序代码。编写的第一句代码是创建 HBaseConfiguration 对象，此对象主要用于加载和设置 HBase 的各项配置。该程序代码如下：

```
Configuration conf = HBaseConfiguration.create();
```

步骤 03 设置连接 HBase 的配置。程序代码如下：

```
conf.set("hbase.zookeeper.quorum","192.168.3.211");
```

步骤 04 使用 ConnectionFactory 类来创建一个 Connection 对象，此对象用来与 HBase 进行连接。程序代码如下：

```
Connection connect = ConnectionFactory.createConnection(conf);
```

编写到这里，该简单程序应该就可以投入运行了。如果这几行程序代码能够成功运行，说明程序代码和环境都没有问题，如果不能正常运行，就需要根据提示信息来排查环境是否启动或写入的地址是否存在问题。

上述程序成功运行后，接下来可以调用 HBase 的 API 来判断表是否存在，程序代码如下：

```
Admin admin = connect.getAdmin();
System.out.println(admin.tableExists(TableName.valueOf("student")));
```

第一行程序代码是创建一个 Admin 对象，用来调用 HBase 的 API 来判断是否存在相应的表，第二行程序代码用于打印输出当前环境中是否存在一个名为 student 的表。

步骤 05 为了方便调试，保证输出对应的日志，需要在项目中增加 log4 的配置文件，文件名为 log4j.properties，内容如下：

```
#所有日志
log4j.rootLogger = DEBUG,stdout
log4j.logger.org.apache.ibatis=warn
log4j.logger.java.sql=warn
log4j.logger.org.springframework=warn
#控制台输出
log4j.appender.stdout=org.apache.log4j.ConsoleAppender
log4j.appender.stdout.Target=System.out
log4j.appender.stdout.Threshold=DEBUG
log4j.appender.stdout.layout=org.apache.log4j.PatternLayout
log4j.appender.stdout.layout.ConversionPattern=%-d{yyyy-MM-dd
```

HH:mm:ss}[%p]%m%n

文件路径如图 4-6 所示。

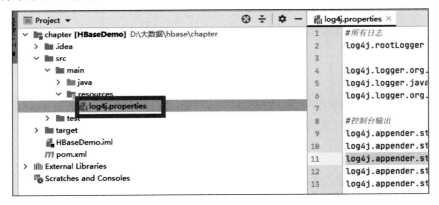

图 4-6　添加日志配置文件

步骤 06 最后运行程序，程序输出内容如下：

```
log4j:WARN No appenders could be found for logger
(org.apache.hadoop.util.Shell).
log4j:WARN Please initialize the log4j system properly.
log4j:WARN See http://logging.apache.org/log4j/1.2/faq.html#noconfig for more
info.
false

Process finished with exit code 0
```

从上述信息可知，当前环境中没有表 student。

至此，我们的第一个程序就编写完成了。完整的程序代码如下：

```java
import org.apache.hadoop.conf.Configuration;
import org.apache.hadoop.hbase.HBaseConfiguration;
import org.apache.hadoop.hbase.TableName;
import org.apache.hadoop.hbase.client.Admin;
import org.apache.hadoop.hbase.client.Connection;
import org.apache.hadoop.hbase.client.ConnectionFactory;

import java.io.IOException;

public class HelloWorld {

    public static void main(String[] args) throws IOException {
        //获取 HBase 配置对象
        Configuration  conf = HBaseConfiguration.create();
        //设置 HBase 的相关配置
        conf.set("hbase.zookeeper.quorum","192.168.3.211");
        //集群连接方式：conf.set("hbase.zookeeper.quorum","ip1,ip2,ip3");
        //创建连接对象
        Connection  connect = ConnectionFactory.createConnection(conf);
        //获取 Admin 对象
        Admin admin = connect.getAdmin();
```

```
        //打印判断是否存在表 student
        System.out.println(admin.tableExists(TableName.valueOf("student")));
    }
}
```

4.2 创建表

在上一节程序代码的基础上，在 HelloWorld 类中创建一个名为 createTable 的静态方法。然后，在这个方法中编写创建表的相关代码。

1. 创建静态方法

1）创建 HBase 配置对象及 Java 连接 HBase 的对象。程序代码如下：

```
public static void createTable(Object obj) throws IOException
{
    //获取 HBase 配置对象
    Configuration conf = HBaseConfiguration.create();
    //设置 HBase 的相关配置
    conf.set("hbase.zookeeper.quorum","192.168.3.211");
    //集群连接方式: conf.set("hbase.zookeeper.quorum","ip1,ip2,ip3");
    //创建连接对象
    //Connection connect = ConnectionFactory.createConnection(conf);
    //获取 Admin 对象
    Admin admin = connect.getAdmin();

}
```

2）在上述程序的基础上创建表对应的对象。

程序步骤说明如下：

步骤01 创建表的信息对象，也就是 HTableDescriptor 类的实例，程序代码如下：

```
HTableDescriptor student = new HTableDescriptor(TableName.valueOf("student"));
```

该程序代码创建了一个名为 student 的表的信息对象。

步骤02 给表添加列族，程序代码如下：

```
//添加 info1 列族
 student.addFamily(new HColumnDescriptor("info1"));
//添加 info2 列族
student.addFamily(new HColumnDescriptor("info2"));
```

步骤03 调用 API 创建表，程序代码如下：

```
//调用 API 创建表
admin.createTable(student);
```

范例程序的完整代码如下：

```
public static void createTable() throws IOException{
    //获取 HBase 配置对象
```

```
        Configuration conf = HBaseConfiguration.create();
        //设置 HBase 的相关配置
        conf.set("hbase.zookeeper.quorum","192.168.3.211");
        //创建连接对象
        Connection connect = ConnectionFactory.createConnection(conf);
        //获取 Admin 对象
        Admin admin = connect.getAdmin();
        //创建表描述器
        HTableDescriptor student = new
HTableDescriptor(TableName.valueOf("student"));
        //添加 info1 列族
        student.addFamily(new HColumnDescriptor("info1"));
        //添加 info2 列族
        student.addFamily(new HColumnDescriptor("info2"));
        //调用 API 创建表
        admin.createTable(student);

    }
```

createTable 静态方法完成之后，可以在 main 方法中调用此方法。执行成功之后，可以在 HBase Shell 中进行验证。HBase Shell 中返回的结果如下：

```
hbase(main):002:0> describe 'student'
Table student is ENABLED
student
COLUMN FAMILIES DESCRIPTION
{NAME => 'info1',
VERSIONS => '1',
EVICT_BLOCKS_ON_CLOSE => 'false',
NEW_VERSION_BEHAVIO
R => 'false',
KEEP_DELETED_CELLS => 'FALSE',
CACHE_DATA_ON_WRITE => 'false',
DATA_BLOCK_
ENCODING => 'NONE',
TTL => 'FOREVER',
MIN_VERSIONS => '0',
REPLICATION_SCOPE => '0', BLO
OMFILTER => 'ROW',
CACHE_INDEX_ON_WRITE => 'false',
IN_MEMORY => 'false',
CACHE_BLOOMS_O
N_WRITE => 'false',
PREFETCH_BLOCKS_ON_OPEN => 'false',
COMPRESSION => 'NONE',
BLOCKCACH
E => 'true',
BLOCKSIZE => '65536'}
{NAME => 'info2',
VERSIONS => '1',
EVICT_BLOCKS_ON_CLOSE => 'false',
NEW_VERSION_BEHAVIO
R => 'false',
KEEP_DELETED_CELLS => 'FALSE',
CACHE_DATA_ON_WRITE => 'false',
```

```
DATA_BLOCK_
ENCODING => 'NONE',
TTL => 'FOREVER',
MIN_VERSIONS => '0',
REPLICATION_SCOPE => '0',
BLO
OMFILTER => 'ROW',
CACHE_INDEX_ON_WRITE => 'false',
IN_MEMORY => 'false',
CACHE_BLOOMS_O
N_WRITE => 'false',
PREFETCH_BLOCKS_ON_OPEN => 'false',
COMPRESSION => 'NONE',
BLOCKCACH
E => 'true',
BLOCKSIZE => '65536'}
2 row(s)
Took 0.1751 seconds
```

以上返回的信息与我们使用命令创建的表结构一致。至此，创建表的程序就完成了。

2. 使用相关类创建表

在实际操作过程中发现创建表的 HTableDescriptor 类出现了删除线，如图 4-7 所示。

```
public static void  createTable() throws IOException{
    // 获取到HBase配置对象
    Configuration  conf = HBaseConfiguration.create();
    //设置HBase的相关配置
    conf.set("hbase.zookeeper.quorum","192.168.3.211");
    //创建连接对象
    Connection  connect = ConnectionFactory.createConnection(conf);
    // 获取Admin对象
    Admin admin = connect.getAdmin();
    // 创建表的描述信息
    HTableDescriptor student = new HTableDescriptor(TableName.valueOf("student"));
    // 添加info1列簇
    student.addFamily(new HColumnDescriptor( familyName: "info1"));
    // 添加info2列簇
    student.addFamily(new HColumnDescriptor( familyName: "info2"));
    // 调用API进行建表操作
    admin.createTable(student);
}
```

图 4-7 创建表方法代码详情

createTable 静态方法看起来简单，其实隐藏着很多性能和安全问题，所以这个类被废弃了。接下来我们将使用最新提供的相关类去创建表。

程序步骤说明如下：

步骤01 使用 TableDescriptorBuilder 去创建表的描述器构建对象，程序代码如下：

```
//创建表描述器
TableDescriptorBuilder tableDescriptorBuilder =
TableDescriptorBuilder.newBuilder(TableName.valueOf("student"));
```

步骤 02 创建一个存储列族描述器的集合，因为一般情况下一个表都包含多个列族，所以创建
一个集合去存储这些列族描述器，程序代码如下：

```
List<ColumnFamilyDescriptor> columnFamilyDescriptorList = new
ArrayList<ColumnFamilyDescriptor>();
```

步骤 03 创建想要的列族描述器对象，并把这些列族描述器对象添加到存储列族描述器的集合
中，程序代码如下：

```
//创建 info1 列族描述器并把此对象增加到列族描述器的集合中
ColumnFamilyDescriptorBuilder info1 =
ColumnFamilyDescriptorBuilder.newBuilder(Bytes.toBytes("info1"));
ColumnFamilyDescriptor ifno1FamilyDescriptor = info1.build();
columnFamilyDescriptorList.add(ifno1FamilyDescriptor);
//创建 info2 列族描述器并把此对象添加到列族描述器的集合中
ColumnFamilyDescriptorBuilder info2 = ColumnFamilyDescriptorBuilder.
newBuilder(Bytes.toBytes("info2"));
ColumnFamilyDescriptor ifno2FamilyDescriptor = info2.build();
columnFamilyDescriptorList.add(ifno2FamilyDescriptor);
```

步骤 04 给创建的表描述器对象设置列族信息，程序代码如下：

```
//设置列族
tableDescriptorBuilder.setColumnFamilies(columnFamilyDescriptorList);
```

步骤 05 获取表描述器对象，然后调用 API 创建此表，程序代码如下：

```
//获取表描述器对象
TableDescriptor tableDescriptor = tableDescriptorBuilder.build();
//调用 API 创建表
admin.createTable((tableDescriptor));
```

至此使用相关类创建表的程序就完成了，完整的程序代码如下：

```
public static void createTable() throws IOException{
    //获取 HBase 配置对象
    Configuration conf = HBaseConfiguration.create();
    //设置 HBase 的相关配置
    conf.set("hbase.zookeeper.quorum","192.168.3.211");
    //创建连接对象
    Connection connect = ConnectionFactory.createConnection(conf);
    //获取 Admin 对象
    Admin admin = connect.getAdmin();
    //创建表描述器
    TableDescriptorBuilder tableDescriptorBuilder = TableDescriptorBuilder.
newBuilder(TableName.valueOf("student"));
    //创建列族描述器的集合
    List<ColumnFamilyDescriptor> columnFamilyDescriptorList = new
ArrayList<ColumnFamilyDescriptor>();
    //创建 info1 列族描述器并把此对象添加到列族描述器的集合中
    ColumnFamilyDescriptorBuilder info1 =
```

```
ColumnFamilyDescriptorBuilder.newBuilder(Bytes.toBytes("info1"));
        ColumnFamilyDescriptor ifno1FamilyDescriptor = info1.build();
        columnFamilyDescriptorList.add(ifno1FamilyDescriptor);
        //创建info2列族描述器并把此对象添加到列族描述器的集合中
        ColumnFamilyDescriptorBuilder info2 =
ColumnFamilyDescriptorBuilder.newBuilder(Bytes.toBytes("info2"));
        ColumnFamilyDescriptor ifno2FamilyDescriptor = info1.build();
        columnFamilyDescriptorList.add(ifno2FamilyDescriptor);
        //设置列族
        tableDescriptorBuilder.setColumnFamilies(columnFamilyDescriptorList);
        //获取表描述器对象
        TableDescriptor tableDescriptor = tableDescriptorBuilder.build();
        //调用API创建表
        admin.createTable((tableDescriptor));

    }
```

需要注意的是，之前已经创建过表 student，所以再次执行时会抛出异常。为了保证代码的安全性，需要在创建表之前调用其他 API 去判断表是否存在。如果存在，则不需要重新创建；如果不存在，则创建此表。

调用判断表是否存在的 API 的程序代码如下：

```
boolean isok= admin.tableExists(tableDescriptorBuilder.build().getTableName());
```

优化后的完整程序代码如下：

```
public static void createTable() throws IOException{
        //获取HBase配置对象
        Configuration conf = HBaseConfiguration.create();
        //设置HBase的相关配置
        conf.set("hbase.zookeeper.quorum","192.168.3.211");
        //创建连接对象
        Connection connect = ConnectionFactory.createConnection(conf);
        //获取Admin对象
        Admin admin = connect.getAdmin();
        //创建表描述器
        TableDescriptorBuilder tableDescriptorBuilder =
TableDescriptorBuilder.newBuilder(TableName.valueOf("student"));
        //判断表是否存在
        boolean isok=
admin.tableExists(tableDescriptorBuilder.build().getTableName());
        if(!isok)
        {
            //创建列族描述器的集合
            List<ColumnFamilyDescriptor> columnFamilyDescriptorList = new
ArrayList<ColumnFamilyDescriptor>();
            //创建info1列族描述器并把此对象添加到列族描述器的集合中
            ColumnFamilyDescriptorBuilder info1 =
ColumnFamilyDescriptorBuilder.newBuilder(Bytes.toBytes("info1"));
            ColumnFamilyDescriptor ifno1FamilyDescriptor = info1.build();
            columnFamilyDescriptorList.add(ifno1FamilyDescriptor);
            //创建info2列族描述器并把此对象添加到列族描述器的集合中
```

```
        ColumnFamilyDescriptorBuilder info2 =
ColumnFamilyDescriptorBuilder.newBuilder(Bytes.toBytes("info2"));
        ColumnFamilyDescriptor ifno2FamilyDescriptor = info1.build();
        columnFamilyDescriptorList.add(ifno2FamilyDescriptor);
        //设置列族

tableDescriptorBuilder.setColumnFamilies(columnFamilyDescriptorList);
        //获取表描述器对象
        TableDescriptor tableDescriptor = tableDescriptorBuilder.build();
        //调用 API 创建表
        admin.createTable((tableDescriptor));
    }
    else{
        System.out.println("已经存在此表");
    }
}
```

技术补充：下面给出调用操作表的一些其他 API 代码。

1）禁用表：

```
admin.disableTable(TableName.valueOf("tablename"));
```

2）异步禁用表：

```
admin.disableTableAsync(TableName.valueOf("tablename"));
```

3）启用表：

```
admin.enableTable(TableName.valueOf("tablename"));
```

4）异步启用表：

```
admin.enableTableAsync(TableName.valueOf("tablename"));
```

5）表是否被禁用：

```
admin.isTableDisabled(TableName.valueOf("tablename"));
```

6）表是否被启用：

```
admin.isTableEnabled(TableName.valueOf("tablename"));
```

以上只列出了调用 API 的一部分方式，如果对 HBase Shell 命令熟悉的话，则可以通过 Java 去调用对应的 API。

4.3　添加数据

通过 Java 程序向 HBase 中添加数据，需要创建一个 Put 对象，然后往这个对象中添加数据需要的属性，该属性就是 RowKey。Put 构造函数的语法如下：

```
public Put(byte [] row)
```

范例如下：

1）创建一个 RowKey 为 abc 的 Put 对象，程序代码如下：

```
Put put = new Put(Bytes.toBytes("abc"));
```

提 示

在 HBase 中所有的数据都是 bytes，在 HBase 中数据最终都会被序列化为 bytes[]保存，所以一切可以被序列化为 bytes 的对象都可以作为 RowKey。

2）设置该行数据的 detail 列族的 name 列为 clay，程序代码如下：

```
put.addColumn(Bytes.toBytes("detail"),Bytes.toBytes("name"),Bytes.toBytes(
"clay"));
```

3）使用表对象调用 put 方法，插入此行数据，程序代码如下：

```
Table table = connect.getTable(TableName.valueOf("userinfo"));
table.put(put);
```

范例程序完整的代码如下：

```
public static  void addData()throws IOException
{

    //获取 HBase 配置对象
    Configuration  conf = HBaseConfiguration.create();
    //设置 HBase 的相关配置
    conf.set("hbase.zookeeper.quorum","192.168.3.211");
    //创建连接对象
    Connection  connect = ConnectionFactory.createConnection(conf);
    //获取 Admin 对象
    Admin admin = connect.getAdmin();
    //创建表描述器
    TableDescriptorBuilder tableDescriptorBuilder =
TableDescriptorBuilder.newBuilder(TableName.valueOf("userinfo"));

    boolean isok= admin.tableExists(TableName.valueOf("userinfo"));
    if(!isok)
    {
        //创建列族描述器的集合
        List<ColumnFamilyDescriptor> columnFamilyDescriptorList = new
ArrayList<ColumnFamilyDescriptor>();
        //创建 info1 列族描述器并把此对象增加到列族描述器的集合中
        ColumnFamilyDescriptorBuilder detail =
ColumnFamilyDescriptorBuilder.newBuilder(Bytes.toBytes("detail"));
        ColumnFamilyDescriptor detailFamilyDescriptor = detail.build();
        columnFamilyDescriptorList.add(detailFamilyDescriptor);
        //创建 info2 列族描述器并把此对象增加到列族描述器的集合中
        ColumnFamilyDescriptorBuilder address =
ColumnFamilyDescriptorBuilder.newBuilder(Bytes.toBytes("address"));
        ColumnFamilyDescriptor addressFamilyDescriptor = address.build();
        columnFamilyDescriptorList.add(addressFamilyDescriptor);
        //设置列族
        tableDescriptorBuilder.setColumnFamilies(columnFamilyDescriptorList);
```

```java
        //获取表描述器对象
        TableDescriptor tableDescriptor = tableDescriptorBuilder.build();
        //调用 API 创建表
        admin.createTable((tableDescriptor));
    }
    else{
        System.out.println("已经存在此表");
    }
    Put put = new Put(Bytes.toBytes("abc"));
put.addColumn(Bytes.toBytes("detail"),Bytes.toBytes("name"),Bytes.toBytes(
"clay"));
    Table table = connect.getTable(TableName.valueOf("userinfo"));
    table.put(put);
}
```

执行完成程序之后，可以使用 HBase Shell 命令查看数据信息，以下是返回的信息：

```
hbase(main):004:0> scan 'userinfo'
ROW                 COLUMN+CELL
 abc                column=detail:name, timestamp=1632055029795, value=clay
1 row(s)
Took 0.1267 seconds
```

技术补充：创建 Put 对象有很多种方法，使用下面的程序代码都能创建 Put 对象。

1）
```java
public Put(byte [] row) {
    this(row, HConstants.LATEST_TIMESTAMP);
}

/**
 * *
 * @param row row key;
 * @param ts timestamp
 */
```

2）
```java
public Put(byte[] row, long ts) {
    this(row, 0, row.length, ts);
}

/**
 *
 * @param rowArray
 * @param rowOffset
 * @param rowLength
 */
```

3）
```java
public Put(byte [] rowArray, int rowOffset, int rowLength) {
    this(rowArray, rowOffset, rowLength, HConstants.LATEST_TIMESTAMP);
}

/**
 * @param
 * @param ts  timestamp
```

```
     */
    4）
    public Put(ByteBuffer row, long ts) {
        if (ts < 0) {
            throw new IllegalArgumentException("Timestamp cannot be negative. ts="
+ ts);
        }
        checkRow(row);
        this.row = new byte[row.remaining()];
        row.get(this.row);
        this.ts = ts;
    }

    /**
     * @param row row key
     */

    5）
    public Put(ByteBuffer row) {
        this(row, HConstants.LATEST_TIMESTAMP);
    }

    /**
     *
     * @param rowArray
     * @param rowOffset
     * @param rowLength
     * @param ts
     */

    6）
    public Put(byte [] rowArray, int rowOffset, int rowLength, long ts) {
        checkRow(rowArray, rowOffset, rowLength);
        this.row = Bytes.copy(rowArray, rowOffset, rowLength);
        this.ts = ts;
        if (ts < 0) {
            throw new IllegalArgumentException("Timestamp cannot be negative. ts="
+ ts);
        }
    }

    /**
     *
     *
     * @param row row key
     * @param rowIsImmutable whether the input row is immutable.
     *                 Set to true if the caller can guarantee that
     *                 the row will not be changed for the Put duration.
     */

    7）
    public Put(byte [] row, boolean rowIsImmutable) {
        this(row, HConstants.LATEST_TIMESTAMP, rowIsImmutable);
    }
```

```
    /**
     *
     *
     * @param row row key
     * @param ts timestamp
     * @param rowIsImmutable
     */
```

8）

```java
public Put(byte[] row, long ts, boolean rowIsImmutable) {
    //Check and set timestamp
    if (ts < 0) {
        throw new IllegalArgumentException("Timestamp cannot be negative. ts="
+ ts);
    }
    this.ts = ts;

    //Deal with row according to rowIsImmutable
    checkRow(row);
    if (rowIsImmutable) {  //Row is immutable
        this.row = row;  //Do not make a local copy, but point to the provided
byte array directly
    } else {  //Row is not immutable
        this.row = Bytes.copy(row, 0, row.length);  //Make a local copy
    }
}
```

```
    /**
     *
     * @param putToCopy put to copy
     */
```

9）

```java
public Put(Put putToCopy) {
    super(putToCopy);
}
```

```
    /**
     * @param row row. CAN'T be null
     * @param ts timestamp
     * @param familyMap the map to collect all cells internally. CAN'T be null
     */
```

10）

```java
public Put(byte[] row, long ts, NavigableMap<byte [], List<Cell>> familyMap){
    super(row, ts, familyMap);
}
```

如果在存储单元中存储当前数据写入的时间，则可以调用 Put(byte[] row, long ts)函数进行写入（ts 参数表示的是时间戳），示例程序代码如下：

```java
Put put = new Put(Bytes.toBytes("abc"),System.currentTimeMillis());
put.addColumn(Bytes.toBytes("detail"),Bytes.toBytes("name"),Bytes.toBytes(
"clay"));
```

```
Table table = connect.getTable(TableName.valueOf("userinfo"));
table.put(put);
```

提 示

如果是分布式部署，调用 Put(byte[] row, long ts)函数写入数据时，需要保证各个服务器的时间一致，否则将会出现数据错误的问题。比如根据时间戳的范围查询数据，可能会因为写入时间戳的不一致而导致返回错误的数据。

4.4 批量添加数据

HBase 提供了专门针对批量添加数据的操作方法，语法如下：

```
void put(List<Put> puts)
```

其中，puts 参数是一个集合，用来存储需要批量添加的 Put 对象。

范例如下：

1）创建一个集合对象，专门用来存储需要添加的 Put 对象，程序代码如下：

```
List<Put> puts=new ArrayList<Put>();
```

2）创建每行数据的 Put 对象，然后把这些对象添加到集合对象中，程序代码如下：

```
//创建 Put 对象，用来设置行键为 rowkey1 的数据
Put zhangsan = new Put(Bytes.toBytes("rowkey1"));
zhangsan.addColumn(Bytes.toBytes("detail"),Bytes.toBytes("name"),Bytes.toB
ytes("zhangsan"));
zhangsan.addColumn(Bytes.toBytes("detail"),Bytes.toBytes("id"),Bytes.toByt
es("1"));
zhangsan.addColumn(Bytes.toBytes("address"),Bytes.toBytes(""),Bytes.toByte
s("beijing"));
puts.add(zhangsan);

//创建 Put 对象，用来设置行键为 rowkey2 的数据
Put lisi = new Put(Bytes.toBytes("rowkey2"));
lisi.addColumn(Bytes.toBytes("detail"),Bytes.toBytes("name"),Bytes.toBytes
("lisi"));
lisi.addColumn(Bytes.toBytes("detail"),Bytes.toBytes("id"),Bytes.toBytes("
2"));
lisi.addColumn(Bytes.toBytes("address"),Bytes.toBytes(""),Bytes.toBytes("b
eijing"));
puts.add(lisi);
```

3）使用表对象调用 put 方法，插入此行数据，程序代码如下：

```
//获取表对象
Table table = connect.getTable(TableName.valueOf("userinfo"));
table.put(puts);
```

执行完成程序之后，可以使用 HBase Shell 命令查看数据信息，以下是返回的信息：

```
hbase(main):007:0> scan 'userinfo'
ROW                COLUMN+CELL
 abc               column=detail:name, timestamp=1632056369420, value=clay6666
rowkey1            column=address:, timestamp=1632090875411, value=beijing
 rowkey1           column=detail:id, timestamp=1632090875411, value=1
 rowkey1           column=detail:name, timestamp=1632090875411, value=zhangsan
 rowkey2           column=address:, timestamp=1632090875411, value=beijing
 rowkey2           column=detail:id, timestamp=1632090875411, value=2
 rowkey2           column=detail:name, timestamp=1632090875411, value=lisi
3 row(s)
Took 0.0209 seconds
```

范例程序的完整代码如下：

```java
public static void addListData()throws IOException
{
    //获取 HBase 配置对象
    Configuration conf = HBaseConfiguration.create();
    //设置 HBase 的相关配置
    conf.set("hbase.zookeeper.quorum","192.168.3.211");
    //创建连接对象
    Connection connect = ConnectionFactory.createConnection(conf);

    //创建存储 Put 集合对象
    List<Put> puts=new ArrayList<Put>();

    //创建 Put 对象，用来设置行键为 rowkey1 的数据
    Put zhangsan = new Put(Bytes.toBytes("rowkey1"));
                zhangsan.addColumn(Bytes.toBytes("detail"),Bytes.toBytes
("name"),Bytes.toBytes("zhangsan"));
        zhangsan.addColumn(Bytes.toBytes("detail"),Bytes.toBytes("id"),Bytes.
toBytes("1"));
        zhangsan.addColumn(Bytes.toBytes("address"),Bytes.toBytes(""),Bytes.
toBytes("beijing"));
    puts.add(zhangsan);

    //创建 Put 对象，用来设置行键为 rowkey2 的数据
    Put lisi = new Put(Bytes.toBytes("rowkey2"));
    lisi.addColumn(Bytes.toBytes("detail"),Bytes.toBytes("name"),Bytes.
toBytes("lisi"));
        lisi.addColumn(Bytes.toBytes("detail"),Bytes.toBytes("id"),Bytes.
toBytes("2"));
        lisi.addColumn(Bytes.toBytes("address"),Bytes.toBytes(""),Bytes.
toBytes("beijing"));
    puts.add(lisi);

    //获取表对象
    Table table = connect.getTable(TableName.valueOf("userinfo"));
    table.put(puts);
    }
}
```

put 批量操作的程序代码如下：

```java
public void put(final List<Put> puts) throws IOException {
    for (Put put : puts) {
```

```
          validatePut(put);
      }
      Object[] results = new Object[puts.size()];
      try {
          batch(puts, results, writeRpcTimeoutMs);
      } catch (InterruptedException e) {
          throw (InterruptedIOException) new
InterruptedIOException().initCause(e);
      }
  }
```

从上述信息可知，put 批量操作时底层实际调用的是 batch 方法。batch 方法的实现代码如下：

```
public void batch(final List<? extends Row> actions, final Object[] results,
int rpcTimeout)
throws InterruptedException, IOException {
    AsyncProcessTask task = AsyncProcessTask.newBuilder()
            .setPool(pool)
            .setTableName(tableName)
            .setRowAccess(actions)
            .setResults(results)
            .setRpcTimeout(rpcTimeout)
            .setOperationTimeout(operationTimeoutMs)
            .setSubmittedRows(AsyncProcessTask.SubmittedRows.ALL)
            .build();
    AsyncRequestFuture ars = multiAp.submit(task);
    ars.waitUntilDone();
    if (ars.hasError()) {
        throw ars.getErrors();
    }
}
```

从上述信息可知，批量操作实际是创建 AsyncProcessTask 对象，而 AsyncProcessTask 对象首先是将数据存储到缓冲区，然后找到表的信息，再根据 RegionServer 将数据分组，最后使用单独的线程去执行。相关程序代码如下：

```
//AsyncRequestFuture 对象的提交方法，默认调用的是 submitALL 方法
/**
 * The submitted task may be not accomplished at all if there are too many running
 *tasks or  other limits. 如果有太多运行任务或其他限制，提交的任务可能根本无法完成
 * @param <CResult> The class to cast the result
 * @param task The setting and data
 * @return AsyncRequestFuture
 */
public <CResult> AsyncRequestFuture submit(AsyncProcessTask<CResult> task)
throws InterruptedIOException {
    AsyncRequestFuture reqFuture = checkTask(task);
    if (reqFuture != null) {
      return reqFuture;
    }
    SubmittedRows submittedRows = task.getSubmittedRows() == null ?
SubmittedRows.ALL : task.getSubmittedRows();
    switch (submittedRows) {
      case ALL:
        return submitAll(task);
```

```
    case AT_LEAST_ONE:
      return submit(task, true);
    default:
      return submit(task, false);
  }
}
```

AsyncRequestFuture 对象的提交方法，默认调用的是 submitAll 方法，该方法具有如下特点：

1）无论服务器状态如何，立即提交列表。

2）保持向后兼容性：它允许与返回对象数组的批处理接口一起使用。

submitAll 方法是先把 Row 列表转换为 Action 列表，然后调整优先级，再调用 groupAndSend MultiAction 方法，程序代码如下：

```
*/
private <CResult> AsyncRequestFuture submitAll(AsyncProcessTask task) {
  RowAccess<? extends Row> rows = task.getRowAccess();
  List<Action> actions = new ArrayList<>(rows.size());

  //The position will be used by the processBatch to match the object array
returned.
  int posInList = -1;
  NonceGenerator ng = this.connection.getNonceGenerator();
  int highestPriority = HConstants.PRIORITY_UNSET;
  for (Row r : rows) {
    posInList++;
    if (r instanceof Put) {
      Put put = (Put) r;
      if (put.isEmpty()) {
        throw new IllegalArgumentException("No columns to insert for #" +
(posInList+1)+ " item");
      }
      highestPriority = Math.max(put.getPriority(), highestPriority);
    }
    Action action = new Action(r, posInList, highestPriority);
    setNonce(ng, r, action);
    actions.add(action);
  }
  AsyncRequestFutureImpl<CResult> ars = createAsyncRequestFuture(task,
actions, ng.getNonceGroup());
  ars.groupAndSendMultiAction(actions, 1);
  return ars;
}
```

submitAll 方法是将每个 RegionServer 的操作列表分组并将其发送，程序代码如下：

```
/**
 * 将每个 RegionServer 的操作列表分组，并发送它们
 *
 * @param currentActions - the list of row to submit
 * @param numAttempt - the current numAttempt (first attempt is 1)
 */
void groupAndSendMultiAction(List<Action> currentActions, int numAttempt) {
  Map<ServerName, MultiAction> actionsByServer = new HashMap<>();
```

```
     boolean isReplica = false;
     List<Action> unknownReplicaActions = null;
     for (Action action : currentActions) {
       RegionLocations locs = findAllLocationsOrFail(action, true);
       if (locs == null) continue;
       boolean isReplicaAction
= !RegionReplicaUtil.isDefaultReplica(action.getReplicaId());
         if (isReplica && !isReplicaAction) {
           //This is the property of the current implementation, not a requirement.
           throw new AssertionError("Replica and non-replica actions in the same
retry");
         }
       isReplica = isReplicaAction;
       HRegionLocation loc = locs.getRegionLocation(action.getReplicaId());
       if (loc == null || loc.getServerName() == null) {
         if (isReplica) {
           if (unknownReplicaActions == null) {
             unknownReplicaActions = new ArrayList<>(1);
           }
           unknownReplicaActions.add(action);
         } else {
           //TODO: relies on primary location always being fetched
           manageLocationError(action, null);
         }
       } else {
         byte[] regionName = loc.getRegionInfo().getRegionName();
         AsyncProcess.addAction(loc.getServerName(), regionName, action,
actionsByServer, nonceGroup);
       }
     }
     boolean doStartReplica = (numAttempt == 1 && !isReplica &&
hasAnyReplicaGets);
     boolean hasUnknown = unknownReplicaActions != null
&& !unknownReplicaActions.isEmpty();

     if (!actionsByServer.isEmpty()) {
       //If this is a first attempt to group and send, no replicas, we need replica
thread.
       sendMultiAction(actionsByServer, numAttempt, (doStartReplica
&& !hasUnknown)
           ? currentActions : null, numAttempt > 1 && !hasUnknown);
     }

     if (hasUnknown) {
       actionsByServer = new HashMap<>();
       for (Action action : unknownReplicaActions) {
         HRegionLocation loc = getReplicaLocationOrFail(action);
         if (loc == null) continue;
         byte[] regionName = loc.getRegionInfo().getRegionName();
         AsyncProcess.addAction(loc.getServerName(), regionName, action,
actionsByServer, nonceGroup);
       }
       if (!actionsByServer.isEmpty()) {
         sendMultiAction(
```

```
            actionsByServer, numAttempt, doStartReplica ? currentActions : null,
true);
        }
      }
    }
```

通过上面的程序代码解析，我们知道，批量操作的主要流程是将数据根据 RegionServer 进行分组，然后把数据同时写入对应的 RegionServer 中。因此，当我们批量操作时，如果数据将写入不同的 RegionServer 中，其中一个 RegionServer 宕机，就可能会造成有些数据写入成功而有些数据写入失败，并且写入成功的数据也无法回滚。

4.5　内容追加

本节将介绍如何通过 Java 程序向 HBase 中追加数据，需要创建一个 Append 对象，然后往这个对象中添加数据需要的属性，该属性就是 RowKey。

Append 构造函数的语法如下：

```
public Append (byte [] row)
```

范例如下：

1）创建一个 Append 对象，给 RowKey 等于 abc 的行数据增加内容，程序代码如下：

```
Append Put append = new Append (Bytes.toBytes("abc"));
```

2）设置该行数据的 detail 列族的 name 列为 clay，程序代码如下：

```
append .addColumn(Bytes.toBytes("detail"),Bytes.toBytes("name"),Bytes.toBytes("666"));
```

3）使用表对象调用 append 方法，给对应列族的列追加内容，程序代码如下：

```
Table table = connect.getTable(TableName.valueOf("userinfo"));
table.append (put);
```

范例程序的完整代码如下：

```
public static  void appendData()throws IOException
{
    //获取 HBase 配置对象
    Configuration  conf = HBaseConfiguration.create();
    //设置 HBase 的相关配置
    conf.set("hbase.zookeeper.quorum","192.168.3.211");
    //创建连接对象
    Connection  connect = ConnectionFactory.createConnection(conf);
    //创建 Append 对象
    Append append=new Append(Bytes.toBytes("abc"));
    //设置对应的列族和列，以及需要追加的内容
    append.addColumn(Bytes.toBytes("detail"),Bytes.toBytes("name"),Bytes.
toBytes("666"));
    //获取表对象
    Table table = connect.getTable(TableName.valueOf("userinfo"));
```

```
    //追加内容
    table.append(append);
}
```

执行完成程序代码之后，可以使用 HBase Shell 命令查看数据信息，以下是返回的信息：

```
hbase(main):006:0> scan 'userinfo'
ROW               COLUMN+CELL
 abc              column=detail:name, timestamp=1632056369420, value=clay6666
1 row(s)
Took 0.0154 seconds
```

4.6 修改数据

通过 Java 程序来修改 HBase 中的数据时，其操作方式与添加数据一样，只不过是把写入的数据赋值为要修改的数据。

范例如下：

修改 RowKey 等于 abc 的 detail 列族中 name 列的值，程序代码如下：

```
public static  void UpdateData()throws IOException
{
    //获取 HBase 配置对象
    Configuration  conf = HBaseConfiguration.create();
    //设置 HBase 的相关配置
    conf.set("hbase.zookeeper.quorum","192.168.3.211");
    //创建连接对象
    Connection  connect = ConnectionFactory.createConnection(conf);

    Put put = new Put(Bytes.toBytes("abc"));
    put.addColumn(Bytes.toBytes("detail"),Bytes.toBytes("name"),Bytes.toBytes
("libai"));
    Table table = connect.getTable(TableName.valueOf("userinfo"));
    table.put(put);
}
```

从上述信息可知，修改数据与添加数据代码是一样的。同理，如果想要实现批量修改，可以使用批量新增的方式，只不过需要把写入的数据赋值为想要修改的数据。

范例如下：

批量修改两行数据，程序代码如下：

```
public static  void UpdateListData()throws IOException
{
    //获取 HBase 配置对象
    Configuration  conf = HBaseConfiguration.create();
    //设置 HBase 的相关配置
    conf.set("hbase.zookeeper.quorum","192.168.3.211");
    //创建连接对象
    Connection  connect = ConnectionFactory.createConnection(conf);
```

```
    //创建存储 Put 集合对象
    List<Put> puts=new ArrayList<Put>();

    //创建 Put 对象,用来设置 RowKey 为 rowkey1 的数据
    Put zhangsan = new Put(Bytes.toBytes("rowkey1"));
    zhangsan.addColumn(Bytes.toBytes("detail"),Bytes.toBytes("name"),Bytes.
toBytes("zhangsan2"));
    puts.add(zhangsan);

    //创建 Put 对象,用来设置 RowKey 为 rowkey2 的数据
    Put lisi = new Put(Bytes.toBytes("rowkey2"));
    lisi.addColumn(Bytes.toBytes("detail"),Bytes.toBytes("name"),Bytes.toBytes
("lisi2"));
    puts.add(lisi);

    //获取表对象
    Table table = connect.getTable(TableName.valueOf("userinfo"));
    table.put(puts);
}
```

4.7 删除数据

通过 Java 程序删除 HBase 中的数据,需要创建一个 Delete 对象,然后往该对象中添加数据需要的属性,该属性就是 RowKey。

1. 删除整行数据

Delete 构造函数的语法如下:

```
public Delete(byte [] row)
```

范例如下:

1) 首先创建一个 RowKey 是 rowkey1 的 Put 对象,程序代码如下:

```
Delete delete= new Delete(Bytes.toBytes("rowkey1"));
```

2) 然后使用表对象调用 delete 方法,删除整行数据。

```
Table table = connect.getTable(TableName.valueOf("userinfo"));
table.delete(delete);
```

范例程序的完整代码如下:

```
public static  void deleteData()throws IOException {

    //获取 HBase 配置对象
    Configuration  conf = HBaseConfiguration.create();
    //设置 HBase 的相关配置
    conf.set("hbase.zookeeper.quorum","192.168.3.211");
    //创建连接对象
    Connection  connect = ConnectionFactory.createConnection(conf);
```

```
    Delete delete = new Delete(Bytes.toBytes("rowkey1"));
    Table table = connect.getTable(TableName.valueOf("userinfo"));
    table.delete(delete);
}
```

执行完成程序之后，可以使用 HBase Shell 命令查看数据信息，以下是返回的信息：

```
hbase(main):013:0> scan 'userinfo'
ROW                COLUMN+CELL
 abc               column=detail:name, timestamp=1632093836287, value=8888
 rowkey2           column=address:, timestamp=1632091475671, value=beijing
 rowkey2           column=detail:id, timestamp=1632091475671, value=2
 rowkey2           column=detail:name, timestamp=1632091475671, value=lisi2
2 row(s)
Took 0.0154 seconds
```

2. 细粒度地删除数据

除了删除整行，还可以更细粒度地删除数据，只需要在 Delete 对象上调用相应的方法即可。

（1）删除指定的列族所有版本

```
 * @param family family name
 * @param qualifier column qualifier
 * @return this for invocation chaining
 */
public Delete addColumns(final byte [] family, final byte [] qualifier) {
  addColumns(family, qualifier, this.ts);
  return this;
}
```

（2）删除指定的列族中所有版本号等于或者小于给定的版本号的列

```
 * @param family family name
 * @param qualifier column qualifier
 * @param timestamp maximum version timestamp
 * @return this for invocation chaining
 */
public Delete addColumns(final byte [] family, final byte [] qualifier, final
long timestamp) {
    if (timestamp < 0) {
      throw new IllegalArgumentException("Timestamp cannot be negative. ts=" +
timestamp);
    }
    List<Cell> list = getCellList(family);
    list.add(new KeyValue(this.row, family, qualifier, timestamp,
      KeyValue.Type.DeleteColumn));
    return this;
}
```

（3）删除指定列族的最后一个版本

```
 * @param family family name
 * @param qualifier column qualifier
```

```
 * @return this for invocation chaining
 */
public Delete addColumn(final byte [] family, final byte [] qualifier) {
  this.addColumn(family, qualifier, this.ts);
  return this;
}
```

（4）删除指定列的指定版本

```
 * @param family family name
 * @param qualifier column qualifier
 * @param timestamp version timestamp
 * @return this for invocation chaining
 */
public Delete addColumn(byte [] family, byte [] qualifier, long timestamp) {
  if (timestamp < 0) {
    throw new IllegalArgumentException("Timestamp cannot be negative. ts=" +
timestamp);
  }
  List<Cell> list = getCellList(family);
  KeyValue kv = new KeyValue(this.row, family, qualifier, timestamp,
KeyValue.Type.Delete);
  list.add(kv);
  return this;
}
```

范例如下：

范例一：删除指定列族数据

```
//获取 HBase 配置对象
Configuration  conf = HBaseConfiguration.create();
//设置 HBase 的相关配置
conf.set("hbase.zookeeper.quorum","192.168.3.211");
//创建连接对象
Connection  connect = ConnectionFactory.createConnection(conf);
Delete delete = new Delete(Bytes.toBytes("rowkey2"));
//设置需要删除的列
delete.addColumn(Bytes.toBytes("detail"),Bytes.toBytes("name"));
Table table = connect.getTable(TableName.valueOf("userinfo"));
table.delete(delete);
```

命令解析：删除 RowKey 等于 rowkey2 的列族 detail 中 name 列的数据。

范例二：删除指定列族的指定版本的数据

```
//获取 HBase 配置对象
Configuration  conf = HBaseConfiguration.create();
//设置 HBase 的相关配置
conf.set("hbase.zookeeper.quorum","192.168.3.211");
//创建连接对象
Connection  connect = ConnectionFactory.createConnection(conf);
```

```
Delete delete = new Delete(Bytes.toBytes("rowkey2"));
//指定需要删除的列和版本号
delete.addColumn(Bytes.toBytes("detail"),Bytes.toBytes("id"),1632091475671
L);
Table table = connect.getTable(TableName.valueOf("userinfo"));
table.delete(delete);
```

命令解析：删除 RowKey 等于 rowkey2 的列族 detail 中 id 列的数据和版本号。

4.8   批量删除

HBase 提供了专门针对批量删除的操作方法，语法如下：

```
 void deletes(List<Delete> deletes)
```

其中，deletes 参数是一个集合，用来存储需要批量删除的 Delete 对象。
范例如下：

1）创建一个集合对象，专门用来存储需要删除的 Delete 对象，程序代码如下：

```
List<Delete> deletes=new ArrayList<Delete>();
```

2）创建要删除数据的 Delete 对象，然后把这些对象添加到集合对象中，程序代码如下：

```
//创建 Delete 对象，用来设置 RowKey 为 rowkey1 的数据，表示要删除整行数据
Delete zhangsan = new Delete(Bytes.toBytes("rowkey1"));
deletes.add(zhangsan);

//创建 Delete 对象，用来设置 RowKey 为 rowkey2 的数据，并设置此行中要删除的列
Delete lisi = new Delete (Bytes.toBytes("rowkey2"));
lisi.addColumn(Bytes.toBytes("detail"),Bytes.toBytes("name"));
lisi.addColumn(Bytes.toBytes("detail"),Bytes.toBytes("id"));
lisi.addColumn(Bytes.toBytes("address"),Bytes.toBytes(""));
deletes.add(lisi);
```

3）使用表对象调用 put 方法，插入此行数据，程序代码如下：

```
//获取表对象
Table table = connect.getTable(TableName.valueOf("userinfo"));
table.delete(deletes);
```

范例程序的完整代码如下：

```
public static  void deletelistData()throws IOException {

    //获取 HBase 配置对象
    Configuration  conf = HBaseConfiguration.create();
    //设置 HBase 的相关配置
    conf.set("hbase.zookeeper.quorum","192.168.3.211");
    //创建连接对象
    Connection  connect = ConnectionFactory.createConnection(conf);

    //创建 Delete 对象，用来设置 RowKey 为 rowkey1 的数据，表示要删除整行数据
```

```
    Delete zhangsan = new Delete(Bytes.toBytes("rowkey1"));
    deletes.add(zhangsan);

    //创建 Delete 对象，用来设置 RowKey 为 rowkey2 的数据，并设置此行中要删除的列
    Delete lisi = new Delete (Bytes.toBytes("rowkey2"));
    lisi.addColumn(Bytes.toBytes("detail"),Bytes.toBytes("name"));
    lisi.addColumn(Bytes.toBytes("detail"),Bytes.toBytes("id"));
    lisi.addColumn(Bytes.toBytes("address"),Bytes.toBytes(""));
    deletes.add(lisi);
    //获取表对象
    Table table = connect.getTable(TableName.valueOf("userinfo"));
    table.delete(deletes);
}
```

4.9　原子性操作

在业务中使用 HBase 时我们可能会遇到这样的需求，想在一行中添加一列的同时删除另一列，这样需要先创建一个 Put 对象来新增列，然后新建一个 Delete 对象来删除另一列，这两个操作要分两步执行，而且这两步肯定不属于一个原子操作。对于这样的需求，Table 接口提供的 mutateRow 方法可以把多个操作放到同一个原子操作内，只要保证多个操作都是操作的同一行数据，那么多个操作必然是原子性操作。

下面用一个例子来演示如何调用 mutateRow 方法。

范例如下：

要在 RowKey 等于 rowkey1 的行中删除 address 列时把 name 列的值修改为 lisi66，同时还要新增一个名为 salary 的列，它的值为 8000。

1）创建一个存储 Mutation 对象的集合，程序代码如下：

```
//创建一个存储 Mutation 对象的集合，存储需要进行操作的 Put/Delete 对象
List<Mutation> mutations=new ArrayList<Mutation>();
```

2）创建需要进行操作的 Put/Delete 对象，程序代码如下：

```
//创建 Delete 对象来设置需要删除的列
Delete delete = new Delete (Bytes.toBytes("rowkey1"));
delete.addColumn(Bytes.toBytes("detail"),Bytes.toBytes("address"));
mutations.add(delete);
//创建 Put 对象来设置需要修改的列
Put put=new Put(Bytes.toBytes("rowkey1"));
put.addColumn(Bytes.toBytes("detail"),Bytes.toBytes("name"),Bytes.toBytes(
"lisi66"));
mutations.add(put);
//创建 Put 对象来设置需要新增的列
Put add=new Put(Bytes.toBytes("rowkey1"));
add.addColumn(Bytes.toBytes("detail"),Bytes.toBytes("salary"),Bytes.toByte
s("8000"));
mutations.add(add);
```

3）创建一个 RowMutations 对象来设置需要进行的多次操作，程序代码如下：

```
//创建 RowMutations 对象来设置要进行原子性操作的 RowKey
RowMutations rowMutations=new RowMutations(Bytes.toBytes("rowkey1"));
rowMutations.add(mutations);
```

4）使用表对象调用 mutateRow 方法，执行原子性操作，程序代码如下：

```
//获取表对象
Table table = connect.getTable(TableName.valueOf("userinfo"));
table.mutateRow(rowMutations);
```

范例程序的完整代码如下：

```
public static  void checkAndMutate()throws IOException {

    //获取 HBase 配置对象
    Configuration  conf = HBaseConfiguration.create();
    //设置 HBase 的相关配置
    conf.set("hbase.zookeeper.quorum","192.168.3.211");
    //创建连接对象
    Connection  connect = ConnectionFactory.createConnection(conf);
    //创建一个存储 Mutation 对象的集合来存储需要进行操作的 Put/Delete 对象
    List<Mutation> mutations=new ArrayList<Mutation>();

    //创建 Delete 对象来设置需要删除的列
    Delete delete = new Delete (Bytes.toBytes("rowkey1"));
    delete.addColumn(Bytes.toBytes("detail"),Bytes.toBytes("address"));
    mutations.add(delete);
    //创建 Put 对象来设置需要修改的列
    Put put=new Put(Bytes.toBytes("rowkey1"));
    put.addColumn(Bytes.toBytes("detail"),Bytes.toBytes("name"),Bytes.toBytes
("lisi66"));
    mutations.add(put);
    //创建 Put 对象来设置需要新增的列
    Put add=new Put(Bytes.toBytes("rowkey1"));
    add.addColumn(Bytes.toBytes("detail"),Bytes.toBytes("salary"),Bytes.
toBytes("8000"));
    mutations.add(add);
    //创建 RowMutations 对象来设置要进行原子性操作的 RowKey
    RowMutations rowMutations=new RowMutations(Bytes.toBytes("rowkey1"));
    rowMutations.add(mutations);
    //获取表对象
    Table table = connect.getTable(TableName.valueOf("userinfo"));
    table.mutateRow(rowMutations);

}
```

执行完程序之后，可以使用 HBase Shell 命令查看数据信息，以下是返回的信息：

```
hbase(main):076:0> scan 'userinfo'
ROW                COLUMN+CELL
 rowkey1           column=address:, timestamp=1632117757789, value=beijing
 rowkey1           column=detail:id, timestamp=1632117106361, value=1
 rowkey1           column=detail:name, timestamp=1632117757835, value=lisi66
 rowkey1           column=detail:salary, timestamp=1632117757835, value=8000
1 row(s)
Took 0.0152 seconds
```

4.10　批量操作

前面章节介绍了如何批量地操作具有相同 RowKey 的数据，并且保证这些操作具有原子性。但是，当我们需要一次性操作很多条数据并且这些数据具有不同的 RowKey 时，我们能想到的只能是循环地执行 put、get、delete 方法。这样循环操作，明显性能较低。HBase 为了方便操作并提高性能，专门提供了批量操作的方法，也就是 batch 方法。

下面用一个例子来演示如何调用 batch 方法进行批量操作。

范例如下：

1）创建一个存储 Row 对象的集合对象，用来存储需要进行操作的多条数据对象，程序代码如下：

```
//创建一个 Row 集合来存储需要进行增删改查的行对象
List<Row> rows=new ArrayList<Row>();
```

2）创建进行操作的行对象，并把这些对象添加到 Row 集合对象中，程序代码如下：

```
//创建 Delete 对象来设置需要删除的列
Delete delete = new Delete (Bytes.toBytes("rowkey1"));
delete.addColumn(Bytes.toBytes("detail"),Bytes.toBytes("id"));
rows.add(delete);

//创建 Put 对象来设置需要修改的列
Put update=new Put(Bytes.toBytes("rowkey2"));
update.addColumn(Bytes.toBytes("detail"),Bytes.toBytes("name"),Bytes.toByt
es("libai"));
rows.add(update);

//创建 Put 对象来设置需要修改的列
Put add=new Put(Bytes.toBytes("rowkey4"));
add.addColumn(Bytes.toBytes("detail"),Bytes.toBytes("name"),Bytes.toBytes(
"libai"));
add.addColumn(Bytes.toBytes("detail"),Bytes.toBytes("id"),Bytes.toBytes("4
"));
rows.add(add);
```

3）使用表对象调用 batch 方法来执行批量操作，程序代码如下：

```
//获取表对象
Table table = connect.getTable(TableName.valueOf("userinfo"));
//创建接收批量处理结果的数组
Object[] result= new Object[rows.size()];
table.batch(rows,result);
```

范例程序的完整代码如下：

```
public static  void batch() throws IOException, InterruptedException {

    //获取 HBase 配置对象
    Configuration  conf = HBaseConfiguration.create();
    //设置 HBase 的相关配置
    conf.set("hbase.zookeeper.quorum","192.168.3.211");
```

```
//创建连接对象
Connection  connect = ConnectionFactory.createConnection(conf);

//创建一个 Row 集合用于存储需要进行增删改查的行对象
List<Row> rows=new ArrayList<Row>();

//创建 Delete 对象用于设置需要删除的列
Delete delete = new Delete (Bytes.toBytes("rowkey1"));
delete.addColumn(Bytes.toBytes("detail"),Bytes.toBytes("id"));
rows.add(delete);

//创建 Put 对象用于设置需要修改的列
Put update=new Put(Bytes.toBytes("rowkey2"));
update.addColumn(Bytes.toBytes("detail"),Bytes.toBytes("name"),Bytes.
toBytes("libai"));
rows.add(update);

//创建 Put 对象用于设置需要修改的列
Put add=new Put(Bytes.toBytes("rowkey4"));
add.addColumn(Bytes.toBytes("detail"),Bytes.toBytes("name"),Bytes.toBytes
("libai"));
add.addColumn(Bytes.toBytes("detail"),Bytes.toBytes("id"),Bytes.toBytes
("4"));
rows.add(add);

//获取表对象
Table table = connect.getTable(TableName.valueOf("userinfo"));
//创建接收批量处理结果的数组
Object[] result= new Object[rows.size()];
table.batch(rows,result);
}
```

从上面的程序代码可知，put、delete 以及 get 方法都实现了 Row 接口，也就是说，列表里面的操作可以是 put、get、delete 中的任意一种；result 参数是用于存储操作结果的数组，结果数组的顺序与传入的操作列表顺序是一一对应的。

执行完成程序代码之后，可以使用 HBase Shell 命令查看数据信息，以下是返回的信息：

```
hbase(main):078:0> scan 'userinfo'
 rowkey1          column=address:, timestamp=1632117757789, value=beijing
 rowkey1          column=detail:name, timestamp=1632117757835, value=lisi66
 rowkey1          column=detail:salary, timestamp=1632117757835, value=8000
 rowkey2          column=address:, timestamp=1632117757789, value=beijing
 rowkey2          column=detail:id, timestamp=1632117757789, value=2
 rowkey2          column=detail:name, timestamp=1632133726996, value=libai
 rowkey4          column=detail:id, timestamp=1632133726996, value=4
 rowkey4          column=detail:name, timestamp=1632133726996, value=libai
3 row(s)
Took 0.0134 seconds
```

4.11　自增

当我们想把数据库中的某个列的数值加 1 时，首先想到的是先查出此列的数值，然后加 1 之后再存进去。虽然这么做没有问题，但是无谓地消耗性能，不值当，而且也不能保证操作的原子性。HBase 专门为此设计了一个方法叫 increment。

下面用一个例子来演示如何调用 increment 方法进行自增。

范例如下：

1）我们给 RowKey 等于 rowkey1 的行增加一个名为 incr 的列，并赋值为 1。程序代码如下：

```
//创建 Put 对象来设置需要新增的列
Put add=new Put(Bytes.toBytes("rowkey1"));
add.addColumn(Bytes.toBytes("detail"),Bytes.toBytes("incr"),Bytes.toBytes(
1L));
table.put(add);
```

2）创建 increment 对象并设置列属性以及累加的数值，程序代码如下：

```
//创建自增对象
Increment increment=new Increment(Bytes.toBytes("rowkey1"));
increment.addColumn(Bytes.toBytes("detail"),Bytes.toBytes("incr"),1L);
```

命令解析：为 detail 列族中 incr 列加 1。如果想要实现自减的效果，则只需要把数值设置为负值。

3）使用表对象调用 increment 方法来执行自增加操作，程序代码如下：

```
table.increment(increment);
```

范例程序的完整代码如下：

```
public static  void increment()throws IOException {
    //获取 HBase 配置对象
    Configuration  conf = HBaseConfiguration.create();
    //设置 HBase 的相关配置
    conf.set("hbase.zookeeper.quorum","192.168.3.211");
    //创建连接对象
    Connection  connect = ConnectionFactory.createConnection(conf);
    //获取表对象
    Table table = connect.getTable(TableName.valueOf("userinfo"));
    //创建 Put 对象来设置需要新增的列
    Put add=new Put(Bytes.toBytes("rowkey1"));
    add.addColumn(Bytes.toBytes("detail"),Bytes.toBytes("incr"),Bytes.
toBytes(1L));
    table.put(add);
    //创建自增对象
    Increment increment=new Increment(Bytes.toBytes("rowkey1"));
    increment.addColumn(Bytes.toBytes("detail"),Bytes.toBytes("incr"),1L);
    table.increment(increment)
}
```

执行完成上述程序代码之后，可以使用 HBase Shell 命令查看数据信息，以下是返回的信息：

```
hbase(main):080:0> scan 'userinfo'
ROW                      COLUMN+CELL
 abc                     column=detail:name, timestamp=1632115194511, value=clay
 rowkey1                  column=address:, timestamp=1632117757789, value=beijing
 rowkey1                  column=detail:incr, timestamp=1632136395108,
value=\x00\x00\x00\x00\x00\x00\x00\x02
```

从上述信息可知，累加的字段值是一连串\x00\x00\x00 的数据。如果想要获取直观可见的结果，
需要使用 get_counter 命令，命令如下：

```
hbase(main):013:0> get_counter 'userinfo','rowkey1','detail:incr'
COUNTER VALUE = 2
Took 0.0095 seconds
```

4.12　判断数据是否存在

在通过 Java 程序调优 HBase 的过程中，如果想要知道当前的数据是否存在，可以调用 exists
方法来判断。该方法的传参同样也是一个 Get 对象，但是 exists 方法不会返回服务端的数据。调用
exists 方法不会加快查询的速度，但是可以节省网络开销，尤其在查询一个数据比较大的列时，可
以有效地缩短网络传输的时间。

范例如下：

判断当前表中是否存在 RowKey 等于 row1 的数据，如果需要判断多条数据，则可以向 exists
方法传递一个 Get 类型的集合，程序代码如下：

```
public static void exists() throws IOException {
    //获取 HBase 配置对象
    Configuration conf = HBaseConfiguration.create();
    //设置 HBase 的相关配置
    conf.set("hbase.zookeeper.quorum", "192.168.3.211");
    //创建连接对象
    Connection connect = ConnectionFactory.createConnection(conf);
    //获取表对象
    Table table = connect.getTable(TableName.valueOf("student"));
    Get row1 = new Get(Bytes.toBytes("row1"));
    boolean result = table.exists(row1);
}
```

4.13　代码封装

在前几节中，我们发现存在大量的重复代码，为了方便操作，减少冗余的代码，本节介绍如
何封装一个操作 HBase 的帮助类。封装之后的效果不一定是最完美的，但是还是希望能给读者带
来收获，读者可以根据自己业务中的实际情况，封装出一个方便操作 HBase 的帮助类。

首先我们新建一个名为 HBaseHelper 的类，用来封装各种调用 HBase 的 API 方法。接着在此
类中创建三个字段，分别用来表示 HBase 的配置对象、HBase 的 Connection 对象以及 Admin 对象，

程序代码如下：

```
private static Configuration conf;
private static Connection connect;
private static Admin admin;
```

不管调用哪一种 API，都需要实例化一个能够操作 HBase 的 Connection 对象和 Admin 对象，所以把以上三个字段的赋值代码写到静态块类中，因为静态块代码是优先于其他方法的，程序代码如下：

```
static {
    //获取 HBase 配置对象
    conf = HBaseConfiguration.create();
    conf.set("hbase.zookeeper.quorum","192.168.3.211");
    try {
        connect = ConnectionFactory.createConnection(conf);
        //获取 Admin 对象
        admin = connect.getAdmin();
    } catch (IOException e) {
        e.printStackTrace();
    }
}
```

HBaseHelper 类创建好之后，接下来进行封装。

1. 封装创建表的方法

封装一个创建表的公有方法，程序代码如下：

```
/**
 * 创建数据表
 * @param tableName
 * @param cfs
 */
public static void createTable(String tableName, String...cfs) throws
IOException {
    TableName name = TableName.valueOf(tableName);

    if (!admin.isTableAvailable(name)) {
        //创建表描述器构建对象
        TableDescriptorBuilder tableDescriptorBuilder =
TableDescriptorBuilder.newBuilder(name);
        List<ColumnFamilyDescriptor> columnFamilyDescriptorList = new
ArrayList<ColumnFamilyDescriptor>();

        for (String cf : cfs) {
            //创建列族构建对象
            ColumnFamilyDescriptorBuilder familyDescriptorBuilder =
ColumnFamilyDescriptorBuilder.newBuilder(Bytes.toBytes(cf));
            ColumnFamilyDescriptor columnFamilyDescriptor =
familyDescriptorBuilder.build();
            columnFamilyDescriptorList.add(columnFamilyDescriptor);
        }

        //设置列族
```

```
        tableDescriptorBuilder.setColumnFamilies(columnFamilyDescriptorList);
        //获取表描述器对象
        TableDescriptor tableDescriptor = tableDescriptorBuilder.build();
        //创建表
        admin.createTable(tableDescriptor);
        System.out.println("table created");
    }
}
```

从上述程序代码可知，此方法只需要传递表名称和一个 String 类型的不定参数，这个参数表示的是列族的名称。此方法实际是通过循环组装列族的集合来调用 TableDescriptorBuilder 对象的批量操作方法。

测试此方法的程序代码如下：

```
public static void createTable_Test() {
    try {
        //创建表
        HBaseHelper.createTable("newTab", "cf1", "cf2");
    } catch (Exception exception) {

    }
}
```

程序代码解析：创建了一个名为 newTab 的表，此表有 cf1 和 cf2 两个列族。

2. 封装操作表的其他方法

（1）禁用表

封装一个禁用表的方法，程序代码如下：

```
/**
 * 禁用表
 * @param tableName
 * @throws IOException
 */
public static void disableTable(String tableName) throws IOException {
    TableName name = TableName.valueOf(tableName);

    if (!admin.isTableDisabled(name)) {
        admin.disableTable(name);
    }
}
```

测试此方法的程序代码如下：

```
public static void disableTable_Test() {
    try {
        //禁用表
        HBaseHelper.disableTable("clay_table");
    } catch (Exception exception) {

    }
}
```

（2）清空表

封装一个清空表的方法，程序代码如下：

```
/**
 * 清空表
 * @param tableName
 * @throws IOException
 */
public static void truncate(String tableName) throws IOException {
    TableName name = TableName.valueOf(tableName);
    disableTable(tableName);
    admin.truncateTable(name, true);
}
```

测试此表方法的程序代码如下：

```
public static void truncateTable_Test() {
    try {
        //清空表
        HBaseHelper.truncate("clay_table");
    } catch (Exception exception) {

    }
}
```

（3）删除表

封装一个删除表的方法，程序代码如下：

```
/**
 * 删除表
 * @param tableName
 * @throws IOException
 */
public static void deleteTable(String tableName) throws IOException {
    TableName name = TableName.valueOf(tableName);
    disableTable(tableName); //禁用
    admin.deleteTable(name);
    System.out.println("table deleted");
}
```

测试此方法的程序代码如下：

```
public static void deleteTable_Test() {
    try {
        //删除表
        HBaseHelper.deleteTable("clay_table");
    } catch (Exception exception) {

    }
}
```

3. 封装操作数据的方法

在指定列族下插入列的数据，程序代码如下：

```
/**
```

```
     * 插入指定列族下列的数据
     * @param tableName
     * @param rowKey
     * @param columnFamily
     * @param column
     * @param value
     * @throws IOException
     */
    public static void insertOne(String tableName, String rowKey,
                              String columnFamily, String column, String value)
throws IOException {
        Put put = new Put(Bytes.toBytes(rowKey));

put.addColumn(Bytes.toBytes(columnFamily),Bytes.toBytes(column),Bytes.toBytes(
value));
        Table table = connect.getTable(TableName.valueOf(tableName));
        table.put(put);
        System.out.println("data inserted");
    }
```

上述方法是在指定列族下插入数据，并且每一次只能插入一个存储单元的数据。测试代码如下：

```
    public static void insertOne_Test() {
        try {
            //创建表
            HBaseHelper.createTable("insertOne_table", "info1", "info2");
            //把数据插入指定列
            HBaseHelper.insertOne("test_table", "row1", "info1", "name", "clay");
            //把数据插入指定列
            HBaseHelper.insertOne("test_table", "row1", "info1", "age", "18");
        } catch (Exception exception) {
        }
    }
```

上述方法通过调用两次 insertOne 方法写入了两个存储单元的数据。一旦业务需要一次性写入多个存储单元的数据时，那么调用此方法性能就明显不足。

（1）对同一个列族插入多行多列的值

下面我们封装一个对于同一个列族插入多行多列的值的方法，程序代码如下：

```
    /**
     * 插入多行多列的值
     * @param tableName
     * @param columnFamily
     * @param mapList
     * @throws IOException
     * Map
     * rowKey   10002
     * column   sex
     * value    male
     */
    public static void insertAll(String tableName, String columnFamily,
                              List<HashMap<String, String>> mapList) throws
IOException {
        Table table = connect.getTable(TableName.valueOf(tableName));
```

```
        List<Put> puts = new ArrayList<Put>();
        for (HashMap<String, String> map : mapList) {
            Put put = new Put(Bytes.toBytes(map.get("rowKey")));
            put.addColumn(Bytes.toBytes(columnFamily),Bytes.toBytes(map.get
("column")),Bytes.toBytes(map.get("value")));
            puts.add(put);
        }

        table.put(puts);
        System.out.println("batch inserted");
    }
```

上述方法只需要我们传递表名称、列族以及一个 List<HashMap<String, String>>的对象，List<HashMap<String, String>>对象用了存储列名和列对应的值。

测试此方法的程序代码如下：

```
//针对一个列族插入多行多列的值
public static void insertAll_Test() {
    try {
        //创建表
        HBaseHelper.createTable("insertAll_table", "info");
        //插入多行多列
        HashMap<String, String> map = Maps.newHashMap();
        map.put("rowKey", "10001");
        map.put("column", "sex");
        map.put("value", "male");
        HashMap<String, String> map1 = Maps.newHashMap();
        map1.put("rowKey", "10002");
        map1.put("column", "job");
        map1.put("value", "sale");
        HashMap<String, String> map2 = Maps.newHashMap();
        map2.put("rowKey", "10001");
        map2.put("column", "birth");
        map2.put("value", "2017-11-11");
        //构建 map 组成列对应集合
        List<HashMap<String, String>> mapList = Arrays.asList(map, map1, map2);
        HBaseHelper.insertAll("insertAll_table", "info", mapList);

    } catch (Exception exception) {

    }
}
```

上述测试代码的作用是，批量向 insertAll_table 表中的 info 列族插入了多行多列的数据。

（2）向一个列族中批量写入单行多列

下面封装一个向一个列族中批量写入单行多列数据的方法，程序代码如下：

```
/**
 * 单行多列的值——单个列族的操作
 * @param tableName
 * @param columnFamily
 * @param rowKey
 * @param mapList
 */
```

```java
public static void insertAll(String tableName,String columnFamily,String
rowKey,
                            List<HashMap<String, String>> mapList) throws
IOException {
    Table table = connect.getTable(TableName.valueOf(tableName));

    List<Put> puts = new ArrayList<Put>();
    for (HashMap<String, String> map : mapList) {
        Put put = new Put(Bytes.toBytes(rowKey));
        put.addColumn(Bytes.toBytes(columnFamily),Bytes.toBytes(map.get
("column")),Bytes.toBytes(map.get("value")));
        puts.add(put);
    }

    table.put(puts);
    System.out.println("columnFamily batch inserted");
}
```

测试代码如下：

```java
//批量添加单行多列的值
public static void insertAll_Test2() {
    try {
        //创建表
        HBaseHelper.createTable("insertAll2_table", "info");
        HashMap<String, String> map = Maps.newHashMap();
        map.put("column", "sex");
        map.put("value", "male");
        HashMap<String, String> map1 = Maps.newHashMap();
        map1.put("column", "job");
        map1.put("value", "sale");
        HashMap<String, String> map2 = Maps.newHashMap();
        map2.put("column", "birth");
        map2.put("value", "2017-11-11");
        List<HashMap<String, String>> mapList = Arrays.asList(map, map1, map2);
        HBaseHelper.insertAll("insertAll2_table", "info", "10004", mapList);

    } catch (Exception exception) {

    }
}
```

其余的方法，本节不再一一介绍，可以直接查看具体的实现。

4. HBaseHelper 类的完整代码

HBaseHelper 类的完整代码如下：

```java
import org.apache.hadoop.conf.Configuration;
import org.apache.hadoop.hbase.Cell;
import org.apache.hadoop.hbase.CellUtil;
import org.apache.hadoop.hbase.HBaseConfiguration;
import org.apache.hadoop.hbase.TableName;
import org.apache.hadoop.hbase.client.*;
import org.apache.hadoop.hbase.util.Bytes;
```

```java
import java.io.IOException;
import java.util.ArrayList;
import java.util.HashMap;
import java.util.List;
import java.util.Map;
public class HBaseHelper {

    private static Configuration conf;
    private static Connection connect;
    private static Admin admin;
    static {
        //获取 HBase 配置对象
        conf = HBaseConfiguration.create();
        conf.set("hbase.zookeeper.quorum","192.168.3.211");
        try {
            connect = ConnectionFactory.createConnection(conf);
            //获取 Admin 对象
            admin = connect.getAdmin();
        } catch (IOException e) {
            e.printStackTrace();
        }
    }

    /**
     * 创建数据表
     * @param tableName
     * @param cfs
     */
    public static void createTable(String tableName, String...cfs) throws
IOException {
        TableName name = TableName.valueOf(tableName);

        if (!admin.isTableAvailable(name)) {
            //创建表描述器构建对象
            TableDescriptorBuilder tableDescriptorBuilder =
TableDescriptorBuilder.newBuilder(name);
            List<ColumnFamilyDescriptor> columnFamilyDescriptorList = new
ArrayList<ColumnFamilyDescriptor>();

            for (String cf : cfs) {
                //创建列族构建对象
                ColumnFamilyDescriptorBuilder familyDescriptorBuilder =
ColumnFamilyDescriptorBuilder.newBuilder(Bytes.toBytes(cf));
                ColumnFamilyDescriptor columnFamilyDescriptor =
familyDescriptorBuilder.build();
                columnFamilyDescriptorList.add(columnFamilyDescriptor);
            }

            //设置列族
            tableDescriptorBuilder.setColumnFamilies(columnFamilyDescriptorList);
            //获取表描述器对象
            TableDescriptor tableDescriptor =
tableDescriptorBuilder.build();
            //创建表
            admin.createTable(tableDescriptor);
```

```
                    System.out.println("table created");
            }
    }

    /**
     * 禁用表
     * @param tableName
     * @throws IOException
     */
    public static void disableTable(String tableName) throws IOException {
        TableName name = TableName.valueOf(tableName);

        if (!admin.isTableDisabled(name)) {
            admin.disableTable(name);
        }
    }

    /**
     * 清空表
     * @param tableName
     * @throws IOException
     */
    public static void truncate(String tableName) throws IOException {
        TableName name = TableName.valueOf(tableName);
        disableTable(tableName);
        admin.truncateTable(name, true);
    }

    /**
     * 删除表
     * @param tableName
     * @throws IOException
     */
    public static void deleteTable(String tableName) throws IOException {
        TableName name = TableName.valueOf(tableName);
        disableTable(tableName);  //禁用
        admin.deleteTable(name);
        System.out.println("table deleted");
    }

    /**
     * 把数据插入指定列族下的列中
     * @param tableName
     * @param rowKey
     * @param columnFamily
     * @param column
     * @param value
     * @throws IOException
     */
    public static void insertOne(String tableName, String rowKey,
                            String columnFamily, String column, String
value) throws IOException {
            Put put = new Put(Bytes.toBytes(rowKey));
            put.addColumn(Bytes.toBytes(columnFamily),Bytes.toBytes(column),
Bytes.toBytes(value));
```

```
            Table table = connect.getTable(TableName.valueOf(tableName));
            table.put(put);
            System.out.println("data inserted");
        }

        /**
         * 插入多行多列的值
         * @param tableName
         * @param columnFamily
         * @param mapList
         * @throws IOException
         * Map
         * rowKey    10002
         * column    sex
         * value     male
         */
        public static void insertAll(String tableName, String columnFamily,
                            List<HashMap<String, String>> mapList) throws
IOException {
            Table table = connect.getTable(TableName.valueOf(tableName));
            List<Put> puts = new ArrayList<Put>();
            for (HashMap<String, String> map : mapList) {
                Put put = new Put(Bytes.toBytes(map.get("rowKey")));
                put.addColumn(Bytes.toBytes(columnFamily),Bytes.toBytes(map.
get("column")),Bytes.toBytes(map.get("value")));
                puts.add(put);
            }

            table.put(puts);
            System.out.println("batch inserted");
        }


///////////////////////////////////////////////////////////////////////

        /**
         * 单行多列的值——单个列族的操作
         * @param tableName
         * @param columnFamily
         * @param rowKey
         * @param mapList
         */
        public static void insertAll(String tableName,String
columnFamily,String rowKey,
                            List<HashMap<String, String>> mapList) throws
IOException {
            Table table = connect.getTable(TableName.valueOf(tableName));

            List<Put> puts = new ArrayList<Put>();
            for (HashMap<String, String> map : mapList) {
                Put put = new Put(Bytes.toBytes(rowKey));
                put.addColumn(Bytes.toBytes(columnFamily),Bytes.toBytes(map.
get("column")),Bytes.toBytes(map.get("value")));
                puts.add(put);
            }
```

```java
        table.put(puts);
        System.out.println("columnFamily batch inserted");
    }

    /**
     * 更新某个列的值
     * @param tableName
     * @param rowKey
     * @param columnFamily
     * @param column
     * @param value
     * @throws IOException
     */
    public static void update(String tableName, String rowKey,
                         String columnFamily,String column, String value)
throws IOException {
        Table table = connect.getTable(TableName.valueOf(tableName));
        Put put = new Put(Bytes.toBytes(rowKey));
        put.addColumn(Bytes.toBytes(columnFamily), Bytes.toBytes(column),
Bytes.toBytes(value));
        table.put(put);
        System.out.println("table column value updated");
    }

    /**
     * 列出 HBase 中所有命名空间下的表
     * @throws IOException
     */
    public static void listNamespaces() throws IOException {
        TableName[] tableNames = admin.listTableNames();
        for (TableName tableName : tableNames) {
            System.out.println(tableName);
        }
    }

    /**
     * 列出指定命名空间下的所有表
     * @param namespace
     * @throws IOException
     */
    public static void listTablesByNamespace(String namespace) throws
IOException {
        TableName[] tableNames =
admin.listTableNamesByNamespace(namespace);
        for (TableName tableName : tableNames) {
            System.out.println(tableName);
        }
    }

    /**
     * 删除表中一行
     * @param tableName
     * @param rowKey
     */
```

```java
        public static void delete(String tableName, String rowKey) throws
IOException {
                Table table = connect.getTable(TableName.valueOf(tableName));
                Delete delete = new Delete(Bytes.toBytes(rowKey));
                table.delete(delete);
        }

        /**
         * 删除表中一行一个列族的数据
         * @param tableName
         * @param rowKey
         */
        public static void delete(String tableName, String rowKey,String
columnFamily) throws IOException {
                Table table = connect.getTable(TableName.valueOf(tableName));
                Delete delete = new Delete(Bytes.toBytes(rowKey));
                delete.addFamily(Bytes.toBytes(columnFamily));
                table.delete(delete);
        }

    }
```

本类中的测试代码都在 Test 类中，Test 类的完整代码如下：

```java
import java.io.IOException;
import com.google.common.collect.Maps;
import java.util.Arrays;
import java.util.HashMap;
import java.util.List;
import java.util.Map;

public class Test {
    public static void main(String[] args) throws IOException {
        try {
            insertAll_Test();
        } catch (Exception exception) {

        }
    }

    public static void createTable_Test() {
        try {
            //创建表
            HBaseHelper.createTable("spec:newTab", "cf1", "cf2");
        } catch (Exception exception) {

        }
    }

    public static void deleteTable_Test() {
        try {
            //删除表
            HBaseHelper.deleteTable("clay_table");
        } catch (Exception exception) {

        }
```

```
    }

    public static void disableTable_Test() {
        try {
            //禁用表
            HBaseHelper.disableTable("clay_table");
        } catch (Exception exception) {

        }
    }

    public static void truncateTable_Test() {
        try {
            //清空表
            HBaseHelper.truncate("clay_table");
        } catch (Exception exception) {

        }
    }

    public static void insertOne_Test() {
        try {
            //创建表
            HBaseHelper.createTable("insertOne_table", "info1", "info2");
            //把数据插入指定列
            HBaseHelper.insertOne("test_table", "row1", "info1", "name",
"clay");
            //把数据插入指定列
            HBaseHelper.insertOne("test_table", "row1", "info1", "age", "18");
        } catch (Exception exception) {

        }
    }

    //在一个列族中插入多行多列的值
    public static void insertAll_Test() {
        try {
            //创建表
            HBaseHelper.createTable("insertAll_table", "info");
            //插入多行多列的值
            HashMap<String, String> map = Maps.newHashMap();
            map.put("rowKey", "10001");
            map.put("column", "sex");
            map.put("value", "male");
            HashMap<String, String> map1 = Maps.newHashMap();
            map1.put("rowKey", "10002");
            map1.put("column", "job");
            map1.put("value", "sale");
            HashMap<String, String> map2 = Maps.newHashMap();
            map2.put("rowKey", "10001");
            map2.put("column", "birth");
            map2.put("value", "2017-11-11");
            //构建 map 组成列的对应集合
            List<HashMap<String, String>> mapList = Arrays.asList(map, map1,
map2);
```

```
                HBaseHelper.insertAll("insertAll_table", "info", mapList);

        } catch (Exception exception) {

        }
    }

    //批量添加单行多列的值
    public static void insertAll_Test2() {
        try {
            //创建表
            HBaseHelper.createTable("insertAll2_table", "info");
            HashMap<String, String> map = Maps.newHashMap();
            map.put("column", "sex");
            map.put("value", "male");
            HashMap<String, String> map1 = Maps.newHashMap();
            map1.put("column", "job");
            map1.put("value", "sale");
            HashMap<String, String> map2 = Maps.newHashMap();
            map2.put("column", "birth");
            map2.put("value", "2017-11-11");
            List<HashMap<String, String>> mapList = Arrays.asList(map, map1,
map2);
            HBaseHelper.insertAll("insertAll2_table", "info", "10004",
mapList);

        } catch (Exception exception) {

        }
    }

    //批量添加单行多列的值
    public static void update_Test() {
        try {
            //创建表
            HBaseHelper.createTable("insertAll2_table", "info");
            HashMap<String, String> map = Maps.newHashMap();
            map.put("column", "sex");
            map.put("value", "male");
            HashMap<String, String> map1 = Maps.newHashMap();
            map1.put("column", "job");
            map1.put("value", "sale");
            HashMap<String, String> map2 = Maps.newHashMap();
            map2.put("column", "birth");
            map2.put("value", "2017-11-11");
            List<HashMap<String, String>> mapList = Arrays.asList(map, map1,
map2);
            HBaseHelper.insertAll("insertAll2_table", "info", "10004",
mapList);
            HBaseHelper.update("insertAll2_table", "10004", "info", "job",
"managed");

        } catch (Exception exception) {

        }
```

```
        }

    //删除整行数据
    public static void deleteRow_Test() {
        try {
            HBaseHelper.delete("insertAll2_table", "10004");
        } catch (Exception exception) {

        }
    }

    //删除整个列族的数据
    public static void delete_Test() {
        try {
            HBaseHelper.delete("insertAll2_table", "10004","info");
        } catch (Exception exception) {

        }
    }
}
```

第5章

客户端 API 进阶

本章主要内容：

● 数据查询
● 数据扫描
● 使用多种过滤器

上一章介绍的是使用基础的 API 功能对表进行操作以及对数据进行了增删改查操作。本章将介绍如何查询数据和使用过滤器来筛选数据以获取想要的数据结果。

5.1 数据查询

1. get 方法

有写就有读，get 方法相当于增删查改中的查。与 Put 类似，通过 Java 程序在 HBase 中查询数据时也需要创建一个 Get 对象并在创建时设置 RowKey。Get 对象的构造函数语法如下：

```
Get (byte[] row)
```

范例如下：

1）首先创建一个 RowKey 为 row1 的 Get 对象，程序代码如下：

```
Get get= new Get (Bytes.toBytes("row1"));
```

2）然后使用表对象调用 get 方法来获取整行数据，程序代码如下：

```
Table table = connect.getTable(TableName.valueOf("student"));
Result result = table.get(gets);
```

用户调用 get 方法之后，HBase 会把查询到的结果封装到 Result 类的实例中。

Result 类的方法除了常用的 getValue(columnFamily，column)以外，还有许多很实用的方法，比如 rawCells 方法。此方法返回的是一个 Cell 类型的数组，我们可以通过遍历这个 Cell 数组，从中获得当前存储单元的列族名称、列名称以及列的值，程序代码如下：

```
Cell[] cells = result.rawCells();
for (Cell cell : cells) {
 //获取 RowKey
  String rk = Bytes.toString(result.getRow());
 //获取列族名称
 String cf = Bytes.toString(cell.getFamilyArray(), cell.getFamilyOffset(),
cell.getFamilyLength());
 //获取列名
 String cn = Bytes.toString(cell.getQualifierArray(),
cell.getQualifierOffset(), cell.getQualifierLength());
 //获取列的值
 String val = Bytes.toString(cell.getValueArray(), cell.getValueOffset(),
cell.getValueLength());
       System.out.println("rk=" + rk + ",cf=" + cf + ",cn=" + cn + ",val=" +
val);
   }
```

除了上述的 rawCell 方法之外，还可以调用 CellUtil 类提供的方法获取当前存储单元的列族、列名称以及列的值，程序代码如下：

```
for (Result result: results)
{
   Cell[] cells = result.rawCells();
   for (Cell cell : cells) {
       //获取 RowKey
       String rk = Bytes.toString(result.getRow());
       //获取列族名称
       String cf = Bytes.toString(CellUtil.cloneFamily(cell));
       //获取列名
       String cn = Bytes.toString(CellUtil.cloneQualifier(cell));
       //获取列的值
       String val = Bytes.toString(CellUtil.cloneValue(cell));

       System.out.println("rk=" + rk + ",cf=" + cf + ",cn=" + cn + ",val=" +
val);
   }
}
```

范例程序的完整代码如下：

```
public static void get() throws IOException {

    //获取 HBase 配置对象
    Configuration conf = HBaseConfiguration.create();
    //设置 HBase 的相关配置
    conf.set("hbase.zookeeper.quorum", "192.168.3.211");
    //创建连接对象
    Connection connect = ConnectionFactory.createConnection(conf);
    //获取 Admin 对象
    Admin admin = connect.getAdmin();
```

```java
//创建表描述器
TableDescriptorBuilder tableDescriptorBuilder =
TableDescriptorBuilder.newBuilder(TableName.valueOf("student"));

List<ColumnFamilyDescriptor> columnFamilyDescriptorList = new
ArrayList<ColumnFamilyDescriptor>();
//创建 info1 列族描述器并把此对象添加到列族描述器的集合中
ColumnFamilyDescriptorBuilder info1 =
ColumnFamilyDescriptorBuilder.newBuilder(Bytes.toBytes("info1"));
ColumnFamilyDescriptor ifno1FamilyDescriptor = info1.build();
columnFamilyDescriptorList.add(ifno1FamilyDescriptor);
//创建 info2 列族描述器并把此对象添加到列族描述器的集合中
ColumnFamilyDescriptorBuilder info2 =
ColumnFamilyDescriptorBuilder.newBuilder(Bytes.toBytes("info2"));
ColumnFamilyDescriptor ifno2FamilyDescriptor = info2.build();
columnFamilyDescriptorList.add(ifno2FamilyDescriptor);
//设置列族
tableDescriptorBuilder.setColumnFamilies(columnFamilyDescriptorList);
//获取表描述器对象
TableDescriptor tableDescriptor = tableDescriptorBuilder.build();
//调用 API 创建表
admin.createTable((tableDescriptor));

//数据写入
Put zhangsan = new Put(Bytes.toBytes("row1"));
zhangsan.addColumn(Bytes.toBytes("info1"), Bytes.toBytes("name"),
Bytes.toBytes("zhangsan"));
zhangsan.addColumn(Bytes.toBytes("info1"), Bytes.toBytes("id"),
Bytes.toBytes("1"));
zhangsan.addColumn(Bytes.toBytes("info2"), Bytes.toBytes("address"),
Bytes.toBytes("beijing"));

//获取表对象
Table table = connect.getTable(TableName.valueOf("student"));
table.put(zhangsan);
Get row1 = new Get(Bytes.toBytes("row1"));

Result result = table.get(row1);

Cell[] cells = result.rawCells();
for (Cell cell : cells) {
    //获取 RowKey
    String rk = Bytes.toString(result.getRow());
    //获取列族名称
    String cf = Bytes.toString(CellUtil.cloneFamily(cell));
    //获取列名
    String cn = Bytes.toString(CellUtil.cloneQualifier(cell));
    //获取列的值
    String val = Bytes.toString(CellUtil.cloneValue(cell));

    System.out.println("rk=" + rk + ",cf=" + cf + ",cn=" + cn + ",val=" +
val);
}

}
```

get 方法的打印结果如下：

```
rk=row1,cf=info1,cn=id,val=1
rk=row1,cf=info1,cn=name,val=zhangsan
rk=row1,cf=info2,cn=address,val=beijing
```

2. Get 对象

使用 Get 对象不仅可以获取整个行数据，还能获取更细节的数据，Get 的几个重要方法如下：

- addFamily(byte[] family)：添加要取出来的列族。
- addColumn(byte[] family, byte[] qualifier)：添加要取出来的列族和列。
- setTimeRange(long minStamp, long maxStamp)：设置要取出的版本范围。

范例一：获取当前行指定列族中的数据

```java
//获取当前行指定列族中的数据
 public static void getFamily() throws IOException {
     //获取 HBase 配置对象
     Configuration conf = HBaseConfiguration.create();
     //设置 HBase 的相关配置
     conf.set("hbase.zookeeper.quorum", "192.168.3.211");
     //创建连接对象
     Connection connect = ConnectionFactory.createConnection(conf);
     //获取表对象
     Table table = connect.getTable(TableName.valueOf("student"));

     Get row1 = new Get(Bytes.toBytes("row1"));
     //通过指定列族名称来获取列族中的数据
     row1.addFamily(Bytes.toBytes("info1"));

     Result result = table.get(row1);

     Cell[] cells = result.rawCells();
     for (Cell cell : cells) {
         //获取 RowKey
         String rk = Bytes.toString(result.getRow());
         //获取列族名称
         String cf = Bytes.toString(CellUtil.cloneFamily(cell));
         //获取列名
         String cn = Bytes.toString(CellUtil.cloneQualifier(cell));
         //获取列的值
         String val = Bytes.toString(CellUtil.cloneValue(cell));

         System.out.println("rk=" + rk + ",cf=" + cf + ",cn=" + cn + ",val=" +
val);
     }
  }
```

范例二：从不同的列族中获取指定列的数据

```java
//获取当前行指定列族中的数据
public static void getColumn() throws IOException {
    //获取 HBase 配置对象
    Configuration conf = HBaseConfiguration.create();
    //设置 HBase 的相关配置
```

```
conf.set("hbase.zookeeper.quorum", "192.168.3.211");
//创建连接对象
Connection connect = ConnectionFactory.createConnection(conf);
//获取表对象
Table table = connect.getTable(TableName.valueOf("student"));

Get row1 = new Get(Bytes.toBytes("row1"));
//通过指定列族名称来获取列族中的数据
row1.addColumn(Bytes.toBytes("info1"),Bytes.toBytes("id"));
//设置需要获取的列族
row1.addFamily(Bytes.toBytes("info2"));
Result result = table.get(row1);

Cell[] cells = result.rawCells();
for (Cell cell : cells) {
    //获取 RowKey
    String rk = Bytes.toString(result.getRow());
    //获取列族名称
    String cf = Bytes.toString(CellUtil.cloneFamily(cell));
    //获取列名
    String cn = Bytes.toString(CellUtil.cloneQualifier(cell));
    //获取列的值
    String val = Bytes.toString(CellUtil.cloneValue(cell));

    System.out.println("rk=" + rk + ",cf=" + cf + ",cn=" + cn + ",val=" +
val);
    }
}
```

上述程序代码的解析：返回整个 info2 列族的数据，并获取 info1 列族下 id 列的数据。
此方法打印的结果如下：

```
rk=row1,cf=info1,cn=id,val=1
rk=row1,cf=info2,cn=address,val=beijing
```

3. 批量操作

get 方法和 put、delete 方法一样，也支持批量操作，程序代码如下：

```
//获取数据
List<Get> gets = new ArrayList<Get>();
Get row1 = new Get(Bytes.toBytes("row1"));
Get row2 = new Get(Bytes.toBytes("row2"));
gets.add(row1);
gets.add(row2);
```

范例如下：

1）创建一个 Get 类型的集合，用来存储批量处理的 Get 对象。和单个请求不同的是，批量处理的时候，负责接收的返回值从 Result 类的单个对象变成了 Result 类型的数组，程序代码如下：

```
Result[] results = table.get(gets);
```

results 表示的是批量请求返回的结果，此数组中的一个元素对象表示的就是一个 get 请求的结果。

2）遍历 results 数组从中获取每一个 get 请求的结果，程序代码如下：

```
//遍历 results 数组，每一个元素对象就是一个 get 请求的结果
for (Result result : results) {

    //获取当前 get 请求的所有存储单元的信息
    Cell[] cells = result.rawCells();
    for (Cell cell : cells) {
        //获取 rowKey
        String rk = Bytes.toString(result.getRow());
        //获取列族名称
        String cf = Bytes.toString(CellUtil.cloneFamily(cell));
        //获取列名
        String cn = Bytes.toString(CellUtil.cloneQualifier(cell));
        //获取列的值
        String val = Bytes.toString(CellUtil.cloneValue(cell));

        System.out.println("rk=" + rk + ",cf=" + cf + ",cn=" + cn + ",val=" +
val);
    }
}
```

范例程序的完整代码如下：

```
public static void gets() throws IOException {

    //获取 HBase 配置对象
    Configuration conf = HBaseConfiguration.create();
    //设置 HBase 的相关配置
    conf.set("hbase.zookeeper.quorum", "192.168.3.211");
    //创建连接对象
    Connection connect = ConnectionFactory.createConnection(conf);
    //获取 Admin 对象
    Admin admin = connect.getAdmin();
    //获取表对象
    Table table = connect.getTable(TableName.valueOf("student"));

    //获取数据
    List<Get> gets = new ArrayList<Get>();
    Get row1 = new Get(Bytes.toBytes("row1"));
    Get row2 = new Get(Bytes.toBytes("row2"));
    gets.add(row1);
    gets.add(row2);
    Result[] results = table.get(gets);
    //遍历 results 数组，每一个元素对象就是一个 get 请求的结果
    for (Result result : results) {

        //获取当前 get 请求的所有存储单元的信息
        Cell[] cells = result.rawCells();
        for (Cell cell : cells) {
            //获取 RowKey
            String rk = Bytes.toString(result.getRow());
            //获取列族名称
            String cf = Bytes.toString(CellUtil.cloneFamily(cell));
            //获取列名
            String cn = Bytes.toString(CellUtil.cloneQualifier(cell));
```

```
        //获取列的值
        String val = Bytes.toString(CellUtil.cloneValue(cell));

        System.out.println("rk=" + rk + ",cf=" + cf + ",cn=" + cn + ",val="
+ val);
        }
    }

}
```

此方法打印的结果如下：

```
rk=row1,cf=info1,cn=id,val=1
rk=row1,cf=info2,cn=address,val=beijing
rk=row2,cf=info1,cn=id,val=2
rk=row2,cf=info2,cn=address,val=beijing
```

5.2　数据扫描

在传统关系数据库中扫描数据时用得最多的是 select 命令，该命令一次能查出多条数据，而 HBase 提供了一个 Scan 类可以实现全表扫描。

1. 扫描整个表数据

最简单的 Scan 构造函数是不带参数的构造函数，其语法如下：

```
Scan()
```

使用这种构造函数，默认的数据扫描是从表头一直遍历到表尾，程序代码如下：

```
//获取表对象
Table table = connect.getTable(TableName.valueOf("student"));
Scan scan=new Scan();
ResultScanner resultScanner= table.getScanner(scan);
```

resultScanner 对象表示请求处理的结果，而 ResultScanner 类是继承了 Iterable<Result>，所以只需要遍历 resultScanner 对象就可以获取每一行的存储单元的信息，程序代码如下：

```
for (Result result : resultScanner) {
    Cell[] cells = result.rawCells();
    for (Cell cell : cells) {
        //获取 RowKey
        String rk = Bytes.toString(result.getRow());
        //获取列族名称
        String cf = Bytes.toString(CellUtil.cloneFamily(cell));
        //获取列名
        String cn = Bytes.toString(CellUtil.cloneQualifier(cell));
        //获取列的值
        String val = Bytes.toString(CellUtil.cloneValue(cell));

        System.out.println("rk="+rk+",cf="+cf+",cn="+cn+",val="+val);
    }
}
```

范例如下：

```java
public static void scan() throws IOException {

    //获取 HBase 配置对象
    Configuration conf = HBaseConfiguration.create();
    //设置 HBase 的相关配置
    conf.set("hbase.zookeeper.quorum", "192.168.3.211");
    //创建连接对象
    Connection connect = ConnectionFactory.createConnection(conf);
    //获取表对象
    Table table = connect.getTable(TableName.valueOf("student"));
    Scan scan=new Scan();
    ResultScanner resultScanner= table.getScanner(scan);

    for (Result result : resultScanner) {
        Cell[] cells = result.rawCells();
        for (Cell cell : cells) {
            //获取 RowKey
            String rk = Bytes.toString(result.getRow());
            //获取列族名称
            String cf = Bytes.toString(CellUtil.cloneFamily(cell));
            //获取列名
            String cn = Bytes.toString(CellUtil.cloneQualifier(cell));
            //获取列的值
            String val = Bytes.toString(CellUtil.cloneValue(cell));

            System.out.println("rk="+rk+",cf="+cf+",cn="+cn+",val="+val);
        }
    }
}
```

以上程序代码的作用是扫描表 student 的整张表的数据。

2. 扫描指定范围内的表数据

对于 HBase 而言，一张表中会包含大量的数据，如果我们扫描整个表的数据，对性能的损耗非常大，所以很少使用 Scan 去扫描整张表的数据。下面是 Scan 提供的 4 种方法，可以通过这些方法来设置扫描范围。

1）从指定的行开始扫描，程序代码如下：

```java
public Scan withStartRow(byte[] startRow)
```

2）从指定的行开始扫描，并且指示是否包含开始行，程序代码如下：

```java
public Scan withStartRow(byte[] startRow, boolean inclusive)
```

3）从头开始扫描，扫描到指定的行结束，程序代码如下：

```java
public Scan withStopRow(byte[] stopRow)
```

4）从头开始扫描，扫描到指定的行结束，并指定是否包含结束行，程序代码如下：

```java
public Scan withStopRow(byte[] stopRow, boolean inclusive)
```

范例一：指定扫描起始行

```
public static void scanByStart() throws IOException {

    //获取 HBase 配置对象
    Configuration conf = HBaseConfiguration.create();
    //设置 HBase 的相关配置
    conf.set("hbase.zookeeper.quorum", "192.168.3.211");
    //创建连接对象
    Connection connect = ConnectionFactory.createConnection(conf);
    //获取表对象
    Table table = connect.getTable(TableName.valueOf("student"));
    Scan scan=new Scan();
    //指定扫描起始行
    scan.withStartRow(Bytes.toBytes("row1"));
    ResultScanner resultScanner= table.getScanner(scan);

    for (Result result : resultScanner) {
        Cell[] cells = result.rawCells();
        for (Cell cell : cells) {
            //获取 RowKey
            String rk = Bytes.toString(result.getRow());
            //获取列族名称
            String cf = Bytes.toString(CellUtil.cloneFamily(cell));
            //获取列名
            String cn = Bytes.toString(CellUtil.cloneQualifier(cell));
            //获取列的值
            String val = Bytes.toString(CellUtil.cloneValue(cell));

            System.out.println("rk="+rk+",cf="+cf+",cn="+cn+",val="+val);
        }
    }
}
```

上述程序代码的作用是从 **RowKey** 等于 **row1** 的行开始扫描，直到扫描结束。

范例二：指定扫描结束行

```
public static void scanByStop() throws IOException {

    //获取 HBase 配置对象
    Configuration conf = HBaseConfiguration.create();
    //设置 HBase 的相关配置
    conf.set("hbase.zookeeper.quorum", "192.168.3.211");
    //创建连接对象
    Connection connect = ConnectionFactory.createConnection(conf);
    //获取表对象
    Table table = connect.getTable(TableName.valueOf("student"));
    Scan scan=new Scan();
    //指定扫描结束行
    scan.withStopRow(Bytes.toBytes("row99"));
    ResultScanner resultScanner= table.getScanner(scan);
    for (Result result : resultScanner) {
        Cell[] cells = result.rawCells();
        for (Cell cell : cells) {
            //获取 RowKey
```

```
            String rk = Bytes.toString(result.getRow());
            //获取列族名称
            String cf = Bytes.toString(CellUtil.cloneFamily(cell));
            //获取列名
            String cn = Bytes.toString(CellUtil.cloneQualifier(cell));
            //获取列的值
            String val = Bytes.toString(CellUtil.cloneValue(cell));

            System.out.println("rk="+rk+",cf="+cf+",cn="+cn+",val="+val);
        }
    }
}
```

上述程序代码的作用是从头开始扫描，扫描到 RowKey 等于 row99 的行结束。

范例三：指定扫描范围，同时指定起始行和结束行

```
public static void scanByRange() throws IOException {

    //获取 HBase 配置对象
    Configuration conf = HBaseConfiguration.create();
    //设置 HBase 的相关配置
    conf.set("hbase.zookeeper.quorum", "192.168.3.211");
    //创建连接对象
    Connection connect = ConnectionFactory.createConnection(conf);
    //获取表对象
    Table table = connect.getTable(TableName.valueOf("student"));
    Scan scan=new Scan();
    //指定扫描起始行
    scan.withStartRow(Bytes.toBytes("row1"));
    //指定扫描结束行
    scan.withStopRow(Bytes.toBytes("row99"));
    ResultScanner resultScanner= table.getScanner(scan);
    for (Result result : resultScanner) {
        Cell[] cells = result.rawCells();
        for (Cell cell : cells) {
            //获取 RowKey
            String rk = Bytes.toString(result.getRow());
            //获取列族名称
            String cf = Bytes.toString(CellUtil.cloneFamily(cell));
            //获取列名
            String cn = Bytes.toString(CellUtil.cloneQualifier(cell));
            //获取列的值
            String val = Bytes.toString(CellUtil.cloneValue(cell));

            System.out.println("rk="+rk+",cf="+cf+",cn="+cn+",val="+val);
        }
    }
}
```

上述程序代码的作用是从 RowKey 等于 row1 的行开始扫描，扫描到 RowKey 等于 row99 的行结束。

3. 获取指定列族和列的数据

除了范围查找之外，Scan 和 Get、Put 类一样，提供了设置列族和列的方法，也就是说可以使用 Scan 来获取指定列族和列的数据。

范例一：扫描指定列族的数据

```java
public static void scanFamily() throws IOException {
    //获取 HBase 配置对象
    Configuration conf = HBaseConfiguration.create();
    //设置 HBase 的相关配置
    conf.set("hbase.zookeeper.quorum", "192.168.3.211");
    //创建连接对象
    Connection connect = ConnectionFactory.createConnection(conf);
    //获取表对象
    Table table = connect.getTable(TableName.valueOf("student"));
    Scan scan=new Scan();
    scan.addFamily(Bytes.toBytes("info1"));
    ResultScanner resultScanner= table.getScanner(scan);

    for (Result result : resultScanner) {
        Cell[] cells = result.rawCells();
        for (Cell cell : cells) {
            //获取 RowKey
            String rk = Bytes.toString(result.getRow());
            //获取列族名称
            String cf = Bytes.toString(CellUtil.cloneFamily(cell));
            //获取列名
            String cn = Bytes.toString(CellUtil.cloneQualifier(cell));
            //获取列的值
            String val = Bytes.toString(CellUtil.cloneValue(cell));

            System.out.println("rk="+rk+",cf="+cf+",cn="+cn+",val="+val);
        }
    }
}
```

上述程序代码的作用是通过调用 addFamily 方法设置想要扫描获取的列族。

范例二：扫描指定列族中列的数据

```java
public static void scanColumn() throws IOException {

    //获取 HBase 配置对象
    Configuration conf = HBaseConfiguration.create();
    //设置 HBase 的相关配置
    conf.set("hbase.zookeeper.quorum", "192.168.3.211");
    //创建连接对象
    Connection connect = ConnectionFactory.createConnection(conf);
    //获取表对象
    Table table = connect.getTable(TableName.valueOf("student"));
    Scan scan=new Scan();
    scan.addColumn(Bytes.toBytes("info1"),Bytes.toBytes("name"));
    ResultScanner resultScanner= table.getScanner(scan);
```

```
for (Result result : resultScanner) {
    Cell[] cells = result.rawCells();
    for (Cell cell : cells) {
        //获取 RowKey
        String rk = Bytes.toString(result.getRow());
        //获取列族名称
        String cf = Bytes.toString(CellUtil.cloneFamily(cell));
        //获取列名
        String cn = Bytes.toString(CellUtil.cloneQualifier(cell));
        //获取列的值
        String val = Bytes.toString(CellUtil.cloneValue(cell));

        System.out.println("rk="+rk+",cf="+cf+",cn="+cn+",val="+val);
    }
}
}
```

上述程序代码的作用是通过调用 addColumn 方法设置想要扫描获取的列。

4. 获取指定版本的数据

Scan 还提供了 readAllVersions 方法和 readVersions 方法，它们分别用于获取所有版本的数据和获取指定版本的数据，程序代码如下：

```
Scan scan=new Scan();
scan.readAllVersions();
scan.readVersions(2);
```

5. 返回指定条数的数据

在范围扫描过程中，有时还会遇到返回指定条数的数据业务，在 Scan 中也对应地提供了这种方式，只需要用户调用 setLimit 方法设置返回的数量即可。

范例如下：

```
public static void scanLimit() throws IOException {

    //获取 HBase 配置对象
    Configuration conf = HBaseConfiguration.create();
    //设置 HBase 的相关配置
    conf.set("hbase.zookeeper.quorum", "192.168.3.211");
    //创建连接对象
    Connection connect = ConnectionFactory.createConnection(conf);
    //获取表对象
    Table table = connect.getTable(TableName.valueOf("student"));
    Scan scan=new Scan();
    //设置返回的数据数量
    scan.setLimit(10);
    scan.addColumn(Bytes.toBytes("info1"),Bytes.toBytes("name"));
    ResultScanner resultScanner= table.getScanner(scan);

    for (Result result : resultScanner) {
        Cell[] cells = result.rawCells();
        for (Cell cell : cells) {
            //获取 RowKey
```

```
        String rk = Bytes.toString(result.getRow());
        //获取列族名称
        String cf = Bytes.toString(CellUtil.cloneFamily(cell));
        //获取列名
        String cn = Bytes.toString(CellUtil.cloneQualifier(cell));
        //获取列的值
        String val = Bytes.toString(CellUtil.cloneValue(cell));

        System.out.println("rk="+rk+",cf="+cf+",cn="+cn+",val="+val);
      }
    }
}
```

上述程序代码的作用是通过 setLimit 方法设置返回的数据数量为 10。

5.3　过滤器快速实战

过滤器（Filter）用于过滤 Get 或者 Scan 的结果，可以把它看成 SQL 中的 Where 语句。HBase 中的过滤器被用户创建出来后会被序列化为便于网络传输的格式，然后被分发到各个 RegionServer 中，而后在 RegionServer 中被还原出来。这样在 Scan 的遍历过程中，不满足过滤器条件的结果就不会返回到客户端。

在 HBase 中所有的过滤器都要实现 Filter 接口，Filter 接口中定义了过滤器的基本方法。HBase 同时还提供了 FilterBase 抽象类，它提供了 Filter 接口的默认实现，这样就不必为 Filter 接口的每一个方法都编写自己的实现。

HBase 内置的过滤器可以分为三类，分别是比较过滤器、专用过滤器、包装过滤器。

1）专用过滤器通常直接继承自 FilterBase 抽象类，适用于范围更小的筛选规则。

2）包装过滤器通过包装其他过滤器以实现某些拓展的功能。

3）所有比较过滤器均继承自 CompareFilter 类，创建一个比较过滤器需要两个参数，分别是比较运算符和比较器实例。

① 比较运算符均定义在枚举类 CompareOperator 中，程序代码如下：

```
public enum CompareOperator {
  //Keeps same names as the enums over in filter's CompareOp intentionally.
  //The conversion of operator to protobuf representation is via a name
comparison.
  /** less than */
  LESS,
  /** less than or equal to */
  LESS_OR_EQUAL,
  /** equals */
  EQUAL,
  /** not equal */
  NOT_EQUAL,
  /** greater than or equal to */
  GREATER_OR_EQUAL,
  /** greater than */
```

```
GREATER,
/** no operation */
NO_OP,
}
```

各个比较运算符的说明如下：

- LESS：表示小于。
- LESS_OR_EQUAL：表示小于等于。
- EQUAL：表示等于。
- NOT_EQUAL：表示不等于。
- GREATER_OR_EQUAL：表示大于等于。
- GREATER：表示大于。
- NO_OP：表示无操作。

② 常用的比较器有以下几种：

- BinaryComparator：按字节索引顺序比较指定的字节数组。
- BinaryPrefixComparator：用户提供一段字节数组，然后该比较器会挑出所有以这段字节数组打头的记录。
- NullComparator：判断给定的值是否为空。一般与 SingleColumnValueFilter（单列列值过滤器）一起使用。
- BitComparator：按位进行比较。
- RegexStringComparator：使用正则表达式来匹配字符串。
- SubstringComparator：判断提供的子字符串是否出现在指定的字节数组中。
- LongComparator：按数字大小进行比较。

范例如下：

用过滤器筛选出数据库中包含 clay 字符串的数据，程序代码如下：

```
import org.apache.hadoop.conf.Configuration;
import org.apache.hadoop.hbase.*;
import org.apache.hadoop.hbase.client.*;
import org.apache.hadoop.hbase.filter.*;
import org.apache.hadoop.hbase.util.Bytes;

import java.io.IOException;
import java.util.List;

class FilterDemo {

    public static void main(String[] args) throws IOException {

        //获取 HBase 配置对象
        Configuration conf = HBaseConfiguration.create();
        //设置 HBase 的相关配置
        conf.set("hbase.zookeeper.quorum", "192.168.3.211");
        //创建连接对象
        Connection connect = ConnectionFactory.createConnection(conf);
```

```
        //获取表对象
        Table table = connect.getTable(TableName.valueOf("userinfo"));
        Scan scan=new Scan();
        Filter filter=new ValueFilter(CompareOperator.EQUAL,new
SubstringComparator("clay"));
        scan.setFilter(filter);
        ResultScanner resultScanner=table.getScanner(scan);
        for (Result result :resultScanner)
        {
            String   name=Bytes.toString(result.getValue(Bytes.toBytes("info"),
Bytes.toBytes("name")));
                System.out.println(name);
        }
    }
}
```

程序解析：创建一个 ValueFilter（值过滤器）对象，然后把此过滤器对象赋值给 scan 对象，最后在 userinfo 表中获取 info 列族下 name 列中包含 clay 字符串的数据，然后打印输出。

接下来我们逐一介绍业务中经常使用的过滤器。

5.4　RowKey 过滤器

RowKey 过滤器主要是通过 RowKey 进行过滤的过滤器。在 HBase 中实现 RowKey 过滤器的是 RowFilter 类，RowFilter 类的构造函数语法如下：

```
public RowFilter(final CompareOperator op,
            final ByteArrayComparable rowComparator) {
  super(op, rowComparator);
}
```

范例如下：

获取表 userinfo 中 RowKey 小于 009 的所有数据。

1）因为 RowFilter 需要一个 BinaryComparator 参数，因此在实例化 RowFilter 之前，我们首先需要构造一个 BinaryComparator 对象，程序代码如下：

```
BinaryComparator binaryComparator = new BinaryComparator("009".getBytes());
```

上述程序代码的作用是按照字节索引顺序将 RowKey 的值与 009 进行比较。

2）然后创建一个 RowKey 过滤器并设置比较符号，具体的程序代码如下：

```
//通过 rowFilter 按照 RowKey 进行过滤
RowFilter rowFilter = new RowFilter(CompareFilter.CompareOp.LESS,
binaryComparator);
```

上述程序代码的作用是过滤 RowKey 值比 009 小的数据。

3）创建一个 Scan 对象，并将上面的 RowKey 过滤器对象赋值给此对象，程序代码如下：

```
Scan scan = new Scan();
```

```
scan.setFilter(rowFilter);
ResultScanner resultScanner = table.getScanner(scan);
```

范例程序的完整代码如下：

```
public static void rowFilter() throws IOException {
    //获取 HBase 配置对象
    Configuration conf = HBaseConfiguration.create();
    //设置 HBase 的相关配置
    conf.set("hbase.zookeeper.quorum", "192.168.3.211");
    //创建连接对象
    Connection connect = ConnectionFactory.createConnection(conf);
    //获取表对象
    Table table = connect.getTable(TableName.valueOf("userinfo"));

    //因为 RowFilter 需要一个 binaryComparator 参数，所以需要创建一个对象
    BinaryComparator binaryComparator = new
BinaryComparator("009".getBytes());

    //通过 rowFilter 按照 RowKey 进行过滤
    RowFilter rowFilter = new RowFilter(CompareOperator.LESS,
binaryComparator);

    Scan scan = new Scan();
    scan.setFilter(rowFilter);
    ResultScanner resultScanner = table.getScanner(scan);
    for (Result result : resultScanner) {
        byte[] row = result.getRow();
        System.out.println("数据的 RowKey 为" + Bytes.toString(row));

        List<Cell> cells = result.listCells();
        for (Cell cell : cells) {
            //获取 RowKey
    String rk = Bytes.toString(result.getRow());
    //获取列族名称
    String cf = Bytes.toString(CellUtil.cloneFamily(cell));
    //获取列名
    String cn = Bytes.toString(CellUtil.cloneQualifier(cell));
    //获取列的值
    String val = Bytes.toString(CellUtil.cloneValue(cell));

    System.out.println("rk=" + rk + ",cf=" + cf + ",cn=" + cn + ",val=" + val);
        }
    }
}
```

如果想要获取 RowKey 大于等于 009 的数据，可以调用如下的方法：

```
public static void rowFilter() throws IOException {
    //获取 HBase 配置对象
    Configuration conf = HBaseConfiguration.create();
    //设置 HBase 的相关配置
    conf.set("hbase.zookeeper.quorum", "192.168.3.211");
    //创建连接对象
    Connection connect = ConnectionFactory.createConnection(conf);
    //获取表对象
```

```
Table table = connect.getTable(TableName.valueOf("userinfo"));
//因为 RowFilter 需要一个 binaryComparator 参数，所以需要创建一个对象
BinaryComparator binaryComparator = new
BinaryComparator("009".getBytes());

//通过 rowFilter 按照 RowKey 进行过滤
RowFilter rowFilter = new RowFilter(CompareOperator.GREATER_OR_EQUAL,
binaryComparator);

Scan scan = new Scan();
scan.setFilter(rowFilter);
ResultScanner resultScanner = table.getScanner(scan);
for (Result result : resultScanner) {
    byte[] row = result.getRow();
    System.out.println("数据的 RowKey 为" + Bytes.toString(row));

    List<Cell> cells = result.listCells();
    for (Cell cell : cells) {
        //获取 RowKey
        String rk = Bytes.toString(result.getRow());
        //获取列族名称
        String cf = Bytes.toString(CellUtil.cloneFamily(cell));
        //获取列名
        String cn = Bytes.toString(CellUtil.cloneQualifier(cell));
        //获取列的值
        String val = Bytes.toString(CellUtil.cloneValue(cell));

        System.out.println("rk=" + rk + ",cf=" + cf + ",cn=" + cn + ",val="
+ val);
    }
}
}
```

在上述程序代码中，最核心的就是构造 RowFilter 对象的过程，需要什么样的过滤结果就选择相对应的运算符，程序代码如下：

```
RowFilter rowFilter = new RowFilter(CompareOperator.GREATER_OR_EQUAL,
binaryComparator);
```

5.5　RowKey 前缀过滤器

在 HBase 中实现 RowKey 前缀过滤器的主要是 PrefixFilter 类。这种过滤器可以根据 RowKey 的前缀匹配同样是这个前缀的行。PrefixFilter 类的构造函数的语法如下：

```
public PrefixFilter(final byte [] prefix)
```

prefix 参数表示要过滤的 RowKey 前缀的字节数组。

范例如下：

检索出所有 RowKey 以 row 开头的行，完整的程序代码如下：

```
public static void prefixFilter() throws IOException {
```

```
//获取 HBase 配置对象
Configuration conf = HBaseConfiguration.create();
//设置 HBase 的相关配置
conf.set("hbase.zookeeper.quorum", "192.168.3.211");
//创建连接对象
Connection connect = ConnectionFactory.createConnection(conf);
//获取表对象
Table table = connect.getTable(TableName.valueOf("userinfo"));
Scan scan = new Scan();
PrefixFilter prefixFilter = new PrefixFilter("row".getBytes());
scan.setFilter(prefixFilter);
ResultScanner resultScanner = table.getScanner(scan);
for (Result result : resultScanner) {
    byte[] row = result.getRow();
    System.out.println("数据的 RowKey 为" + Bytes.toString(row));
    List<Cell> cells = result.listCells();
    for (Cell cell : cells) {
        //获取 RowKey
        String rk = Bytes.toString(result.getRow());
        //获取列族名称
        String cf = Bytes.toString(CellUtil.cloneFamily(cell));
        //获取列名
        String cn = Bytes.toString(CellUtil.cloneQualifier(cell));
        //获取列的值
        String val = Bytes.toString(CellUtil.cloneValue(cell));

        System.out.println("rk=" + rk + ",cf=" + cf + ",cn=" + cn + ",val="
+ val);
    }
  }
}
```

此方法打印的结果如下：

```
数据的 RowKey 为 row1
rk=row1,cf=info,cn=name,val=clay
数据的 RowKey 为 row2
rk=row2,cf=info,cn=name,val=abc
rk=row2,cf=info2,cn=name,val=abcd
数据的 RowKey 为 row3
rk=row3,cf=info,cn=name,val=lisi
rk=row3,cf=info2,cn=address,val=beijing
rk=row3,cf=info2,cn=name,val=abcd
```

从打印结果可知，这些行的共同点就是 RowKey 都是以 row 开头的。

提 示

即使用了 RowKey 前缀过滤器，也依然要结合 StartRow 来使用，否则 scan 方法还是会从第一条记录开始扫描，从而消耗了大量的性能。

5.6　RowKey 模糊过滤器

通过 StartRow 可以查询所有以 StartRow 指定的字符串开头的行，但是如果想匹配中间的一段 RowKey 或者结尾的一段 RowKey，就需要使用 RowKey 模糊过滤器，也就是 HBase 中提供的 FuzzyRowFilter 类。FuzzyRowFilter 类的构造函数的语法如下：

```
public FuzzyRowFilter(List<Pair<byte[], byte[]>> fuzzyKeysData)
```

其中 fuzzyKeysData 是用于模糊匹配的表达式，由 RowKey 和 RowKey 掩码两个部分组成。

● RowKey：输入需要匹配的 RowKey 关键字，对于那些需要模糊匹配的字符所在的位置，可以使用任意的字符。

● RowKey 掩码：RowKey 掩码的长度必须跟 RowKey 长度一样，在需要模糊匹配的字符处标记上 1，其他的位置标记上 0。

为了更好地理解这个表达式，用一个例子来进行说明：

```
20210101
20210102
20210103
20210201
20210202
20210203
```

假设，上述信息就是当前表中存在的 RowKey 列表。如果想要筛选出开头是 2021、末尾是 02 的 RowKey 数据，则我们传递的 RowKey 和 RowKey 掩码如下：

```
RowKey：2021??02
RowKey 掩码：00001100
```

核心代码如下：

```
Scan scan = new Scan();
FuzzyRowFilter fuzzyRowFilter   = new FuzzyRowFilter(Arrays.asList(new
Pair<byte[], byte[]>(
    Bytes.toBytesBinary("2021??02"),new byte[]{0,0,0,0,1,1,0,0}
)));
scan.setFilter(fuzzyRowFilter);
```

实现的完整代码如下：

```
public static void FuzzyRowFilter() throws IOException {
    //获取 HBase 配置对象
    Configuration conf = HBaseConfiguration.create();
    //设置 HBase 的相关配置
    conf.set("hbase.zookeeper.quorum", "192.168.3.211");
    //创建连接对象
    Connection connect = ConnectionFactory.createConnection(conf);
    //获取表对象
    Table table = connect.getTable(TableName.valueOf("userinfo"));
    Scan scan = new Scan();
    FuzzyRowFilter fuzzyRowFilter   = new FuzzyRowFilter(Arrays.asList(new
Pair<byte[], byte[]>(
```

```
        Bytes.toBytesBinary("2021??02"),new byte[]{0,0,0,0,1,1,0,0}
))));
scan.setFilter(fuzzyRowFilter);
ResultScanner resultScanner = table.getScanner(scan);
for (Result result : resultScanner) {
    byte[] row = result.getRow();
    System.out.println("数据的 RowKey 为" + Bytes.toString(row));

}
}
```

此方法打印的结果如下：

数据的 RowKey 为 20210102
数据的 RowKey 为 20210202

因此，当需要根据前缀来过滤 RowKey 时使用前缀过滤器即可，当需要根据处在中间或者结尾的关键词来过滤 RowKey 时则使用模糊 RowKey 过滤器。

5.7 列族过滤器

列族过滤器与 RowKey 过滤器非常相似，区别仅在于列族过滤器是使用列族进行过滤的。在 HBase 中实现列族过滤器的是 FamilyFilter 类。FamilyFilter 类的构造函数的语法如下：

```
public FamilyFilter(final CompareOperator op,
            final ByteArrayComparable familyComparator)
```

第一个参数表示列族匹配的比较运算符，第二个参数表示用于列族匹配的比较器。
范例如下：

```
//创建 Scan 对象
Scan scan = new Scan();
//FamilyFilter 需要一个 binaryComparator 的参数，所以新建一个对象
BinaryComparator binaryComparator = new BinaryComparator("info".getBytes());
//scan.setFilter 需要的参数是 FamilyFilter
FamilyFilter familyFilter = new FamilyFilter(CompareOperator.EQUAL,
binaryComparator);
//过滤器设置到 Scan 对象中
scan.setFilter(familyFilter);
```

上述程序代码的作用是获取表中列族是 info 的数据。
范例程序的完整代码如下：

```
public void familyFilter() throws IOException {
    //获取 HBase 配置对象
    Configuration conf = HBaseConfiguration.create();
    //设置 HBase 的相关配置
    conf.set("hbase.zookeeper.quorum", "192.168.3.211");
    //创建连接对象
    Connection connect = ConnectionFactory.createConnection(conf);
    //获取表对象
    Table table = connect.getTable(TableName.valueOf("userinfo"));
```

```
//创建 Scan 对象
Scan scan = new Scan();
//FamilyFilter 需要一个 binaryComparator 的参数，所以新建一个对象
BinaryComparator binaryComparator = new
BinaryComparator("info".getBytes());
//scan.setFilter 需要的参数是 FamilyFilter
FamilyFilter familyFilter = new FamilyFilter(CompareOperator.EQUAL,
binaryComparator);
//过滤器设置到 Scan 对象中
scan.setFilter(familyFilter);
//拿到需要的所有数据
ResultScanner resultScanner = table.getScanner(scan);
for (Result result : resultScanner) {
    byte[] row = result.getRow();
    List<Cell> cells = result.listCells();
    for (Cell cell : cells) {
        //获取 RowKey
        String rk = Bytes.toString(result.getRow());
        //获取列族名称
        String cf = Bytes.toString(CellUtil.cloneFamily(cell));
        //获取列名
        String cn = Bytes.toString(CellUtil.cloneQualifier(cell));
        //获取列的值
        String val = Bytes.toString(CellUtil.cloneValue(cell));

        System.out.println("rk=" + rk + ",cf=" + cf + ",cn=" + cn + ",val="
+ val);
    }
}
}
```

执行此方法后，只有列族为 info 的列会被添加到结果集中。

5.8　列过滤器

列过滤器就是通过列名进行过滤的过滤器，在 HBase 中列过滤器主要是使用 QualifierFilter 类进行设置过滤条件。它的用法和列族过滤器一样，使用也非常简单。QualifierFilter 类的构造函数的语法如下：

```
public QualifierFilter(final CompareOperator op,
            final ByteArrayComparable familyComparator)
```

第一个参数表示列匹配的比较运算符，第二个参数表示用于列匹配的比较器。
范例如下：

```
public static void qualifierFilter() throws IOException {
    //获取 HBase 配置对象
    Configuration conf = HBaseConfiguration.create();
    //设置 HBase 的相关配置
    conf.set("hbase.zookeeper.quorum", "192.168.3.211");
    //创建连接对象
```

```
Connection connect = ConnectionFactory.createConnection(conf);
//获取表对象
Table table = connect.getTable(TableName.valueOf("userinfo"));
//创建 Scan 对象
Scan scan = new Scan();
//QualifierFilter 需要一个 binaryComparator 的参数，所以新建一个对象
BinaryComparator binaryComparator = new
BinaryComparator("name".getBytes());
//scan.setFilter 需要的参数是 QualifierFilter，所以先实例化一个 QualifierFilter
对象
QualifierFilter qualifierFilter = new
QualifierFilter(CompareOperator.EQUAL, binaryComparator);
//过滤器设置到 Scan 对象中
scan.setFilter(qualifierFilter);
//拿到需要的所有数据
ResultScanner resultScanner = table.getScanner(scan);
for (Result result : resultScanner) {
    byte[] row = result.getRow();
    List<Cell> cells = result.listCells();
    for (Cell cell : cells) {
        //获取 RowKey
        String rk = Bytes.toString(result.getRow());
        //获取列族名称
        String cf = Bytes.toString(CellUtil.cloneFamily(cell));
        //获取列名
        String cn = Bytes.toString(CellUtil.cloneQualifier(cell));
        //获取列的值
        String val = Bytes.toString(CellUtil.cloneValue(cell));

        System.out.println("rk=" + rk + ",cf=" + cf + ",cn=" + cn + ",val="
+ val);
    }
}
}
```

上述程序代码的作用是从表 userinfo 中获取 name 列的所有数据。执行完成该程序后，可以通过 HBase Shell 命令查询到当前表的所有数据，以下是返回的信息：

```
hbase(main):022:0> scan 'userinfo'
ROW                    COLUMN+CELL
 row1                  column=info:name, timestamp=1632227439060, value=clay
 row2                  column=info:name, timestamp=1632244032910, value=abc
 row2                  column=info2:name, timestamp=1632244111676, value=abc
 row3                  column=info:name, timestamp=1632227439072, value=lisi
3 row(s)
Took 0.0094 seconds
```

执行上述列过滤器方法打印的结果如下：

```
rk=row1,cf=info,cn=name,val=clay
rk=row2,cf=info,cn=name,val=abc
rk=row2,cf=info2,cn=name,val=abc
rk=row3,cf=info,cn=name,val=lisi
```

从结果可知，返回了 info 列族和 info2 列族中 name 列的所有数据。

5.9　多列前缀过滤器

　　只针对一个列的列前缀过滤是不够用的，在业务中经常遇到要同时选择出多个列的情况，这时就需要使用多列前缀过滤器。在 HBase 中多列前缀过滤器主要是使用 MultipleColumnPrefixFilter 类实现的，该类的构造函数的语法如下：

```
public MultipleColumnPrefixFilter(final byte [][] prefixes)
```

prefixes 表示过滤的列值前缀的字节数组。

　　范例如下：

```
public static void multipleColumnPrefixFilter() throws IOException {

    //获取 HBase 配置对象
    Configuration conf = HBaseConfiguration.create();
    //设置 HBase 的相关配置
    conf.set("hbase.zookeeper.quorum", "192.168.3.211");
    //创建连接对象
    Connection connect = ConnectionFactory.createConnection(conf);
    //获取表对象
    Table table = connect.getTable(TableName.valueOf("userinfo"));

    byte[][] filters=new byte [2][];
    filters[0]=Bytes.toBytes("ab");
    filters[1]=Bytes.toBytes("ac");
    //创建多列前缀过滤器
    MultipleColumnPrefixFilter  prefixFilter=new
MultipleColumnPrefixFilter(filters);
    KeyOnlyFilter keyOnlyFilter=new KeyOnlyFilter();
    //执行查询
    Scan scan = new Scan();
    scan.setFilter(prefixFilter);
    ResultScanner resultScanner = table.getScanner(scan);
    for (Result result : resultScanner) {
        byte[] row = result.getRow();
        System.out.println("数据的 RowKey 为" + Bytes.toString(row));
        List<Cell> cells = result.listCells();
        for (Cell cell : cells) {
            //获取 RowKey
            String rk = Bytes.toString(result.getRow());
            //获取列族名称
            String cf = Bytes.toString(CellUtil.cloneFamily(cell));
            //获取列名
            String cn = Bytes.toString(CellUtil.cloneQualifier(cell));
            //获取列的值
            String val = Bytes.toString(CellUtil.cloneValue(cell));
            System.out.println("rk=" + rk + ",cf=" + cf + ",cn=" + cn + ",val="
+ val);
        }
    }
}
```

上述程序代码的作用是查询表中列名开头是 ab 或者 ac 的列数据，并打印输出。

5.10　首次列键过滤器

在传统的关系数据库中经常会用到 count 操作来进行行数的统计，该操作往往很快就能完成。而在 HBase 中，我们必须遍历所有的数据才能知道总共有多少行，对于海量数据而言，统计这样一个结果需要很长时间。对于这种需求，HBase 提供了首次列键过滤器，该过滤器主要使用 FirstKeyOnlyFilter 类实现。FirstKeyOnlyFilter 类的构造函数的语法如下：

```
public FirstKeyOnlyFilter()
```

使用这种过滤器时，扫描器扫描到某行的第一个列就会跳过该行的余下列，因为只要有列存在则该行必然存在，所以这种过滤器在进行行数统计的时候速度会非常快。

范例如下：

调用 FirstKeyOnlyFilter 来统计表的总行数，程序代码如下：

```
public static void firstKeyOnlyFilter() throws IOException {

    //获取 HBase 配置对象
    Configuration conf = HBaseConfiguration.create();
    //设置 HBase 的相关配置
    conf.set("hbase.zookeeper.quorum", "192.168.3.211");
    //创建连接对象
    Connection connect = ConnectionFactory.createConnection(conf);
    //获取表对象
    Table table = connect.getTable(TableName.valueOf("userinfo"));

    FirstKeyOnlyFilter keyOnlyFilter=new FirstKeyOnlyFilter();
    //执行查询
    Scan scan = new Scan();
    scan.setFilter(keyOnlyFilter);
    ResultScanner resultScanner = table.getScanner(scan);
    int count=1;
    for (Result result : resultScanner) {
        count++;
    }
    System.out.println("当前表中总共有"+count+"行");
}
```

5.11　列键过滤器

每一个存储单元在 HBase 中都是由多个 KeyValue 实例组成的，一般称 KeyValue 中的 Key 为列键。列键存储的其实就是列名，所以也可以把列键过滤器称为列名过滤器。HBase 中列键过滤器主要通过 KeyOnlyFilter 类实现。

KeyOnlyFilter 类的构造函数的语法如下：

```
public KeyOnlyFilter()
```

列键过滤器的作用就是在遍历过程中不获取值，只获取列名。在有些场景下，如果要返回的结果集只需要列名，可以使用列键过滤器。

范例如下：

```java
public static void keyOnlyFilter() throws IOException {
    //获取 HBase 配置对象
    Configuration conf = HBaseConfiguration.create();
    //设置 HBase 的相关配置
    conf.set("hbase.zookeeper.quorum", "192.168.3.211");
    //创建连接对象
    Connection connect = ConnectionFactory.createConnection(conf);
    //获取表对象
    Table table = connect.getTable(TableName.valueOf("userinfo"));

    KeyOnlyFilter keyOnlyFilter=new KeyOnlyFilter();
    //执行查询
    Scan scan = new Scan();
    scan.setFilter(keyOnlyFilter);
    ResultScanner resultScanner = table.getScanner(scan);

    for (Result result : resultScanner) {
        byte[] row = result.getRow();
        System.out.println("数据的 RowKey 为" + Bytes.toString(row));
        List<Cell> cells = result.listCells();
        for (Cell cell : cells) {
            //获取 RowKey
            String rk = Bytes.toString(result.getRow());
            //获取列族名称
            String cf = Bytes.toString(CellUtil.cloneFamily(cell));
            //获取列名
            String cn = Bytes.toString(CellUtil.cloneQualifier(cell));
            //获取列的值
            String val = Bytes.toString(CellUtil.cloneValue(cell));
            System.out.println("rk=" + rk + ",cf=" + cf + ",cn=" + cn + ",val="
+ val);

            System.out.println("rk=" + rk + ",cf=" + cf + ",cn=" + cn );
        }
    }
}
```

此方法打印的结果如下：

```
数据的 RowKey 为 row1
rk=row1,cf=info,cn=name,val=
数据的 RowKey 为 row2
rk=row2,cf=info,cn=name,val=
rk=row2,cf=info2,cn=name,val=
数据的 RowKey 为 row3
rk=row3,cf=info,cn=name,val=
rk=row3,cf=info2,cn=address,val=
rk=row3,cf=info2,cn=name,val=
```

以上打印结果只是每条数据的列族名称和列名称，没有返回列值数据。

5.12 列值过滤器

列值过滤器表示从所有的存储单元中返回符合条件的值（即数据）。在 HBase 中使用列值过滤器的类是 ValueFilter。ValueFilter 类的构造函数的语法如下：

```
public ValueFilter(final CompareOperator valueCompareOp,
        final ByteArrayComparable valueComparator)
```

第一个参数表示列值匹配的比较运算符，第二个参数表示用于列值匹配的比较器。
范例如下：

```
Scan scan = new Scan();
Filter filter=new ValueFilter(CompareOperator.EQUAL,new
SubstringComparator("abc"));
//过滤器设置到 Scan 对象中
scan.setFilter(filter);
```

上述程序代码的作用是从数据库所有列中筛选出列值包含 abc 字符串的数据。因为给 filter 对象传递的第二个参数是 SubstringComparator 类的实例，所以过滤时模糊过滤，如果想要精确过滤，则应该使用 BinaryComparator 类的实例。
范例程序的完整代码如下：

```
public static void valueFilter() throws IOException {
    //获取 HBase 配置对象
    Configuration conf = HBaseConfiguration.create();
    //设置 HBase 的相关配置
    conf.set("hbase.zookeeper.quorum", "192.168.3.211");
    //创建连接对象
    Connection connect = ConnectionFactory.createConnection(conf);
    //获取表对象
    Table table = connect.getTable(TableName.valueOf("userinfo"));
    //创建 Scan 对象
    Scan scan = new Scan();
    Filter filter=new ValueFilter(CompareOperator.EQUAL,new
BinaryComparator(Bytes.toBytes("abc")));
    //过滤器设置到 Scan 对象中
    scan.setFilter(filter);
    //拿到需要的所有数据
    ResultScanner resultScanner = table.getScanner(scan);
    for (Result result : resultScanner) {
        byte[] row = result.getRow();
        List<Cell> cells = result.listCells();
        for (Cell cell : cells) {
            //获取 RowKey
            String rk = Bytes.toString(result.getRow());
            //获取列族名称
            String cf = Bytes.toString(CellUtil.cloneFamily(cell));
            //获取列名
            String cn = Bytes.toString(CellUtil.cloneQualifier(cell));
```

```
            //获取列的值
            String val = Bytes.toString(CellUtil.cloneValue(cell));

            System.out.println("rk=" + rk + ",cf=" + cf + ",cn=" + cn + ",val="
+ val);
        }
    }
}
```

上述程序代码的作用是返回表 userinfo 中列值等于 abc 字符串的所有数据。

5.13　单列值过滤器

1. 单列值过滤器的简单应用

不管是模糊匹配还是精确匹配，都是匹配表中的所有列，但是如果只想在一个列中进行值的匹配，比如返回表内 name 列中值等于 abc 的数据，则需要单列值过滤器。单列值过滤器是开发过程中常用的过滤器，可以看作是值过滤器的升级版。HBase 中实现单列值过滤器的是 SingleColumnValueFilter 类，该类的构造函数的语法如下：

```
public SingleColumnValueFilter(final byte [] family, final byte [] qualifier)
```

第一个参数表示列族的字节数组，第二个参数表示列名的字节数组。

范例如下：

指定要比较的列族为 info、列为 name，程序代码如下：

```
//创建 Scan 对象
Scan scan = new Scan();
Filter filter=new
singleColumnValueFilter("info".getBytes(),"name".getBytes(),
CompareOperator.EQUAL,new BinaryComparator(Bytes.toBytes("abc")));
//过滤器设置到 Scan 对象中
scan.setFilter(filter);
```

上述程序代码的作用是从表中列族为 info、列为 name 的数据中筛选出列值等于 abc 的数据。

范例程序的完整代码如下：

```
public static void singleColumnValueFilter() throws IOException {
    //获取 HBase 配置对象
    Configuration conf = HBaseConfiguration.create();
    //设置 HBase 的相关配置
    conf.set("hbase.zookeeper.quorum", "192.168.3.211");
    //创建连接对象
    Connection connect = ConnectionFactory.createConnection(conf);
    //获取表对象
    Table table = connect.getTable(TableName.valueOf("userinfo"));
    //创建 Scan 对象
    Scan scan = new Scan();
    Filter filter=new
singleColumnValueFilter("info".getBytes(),"name".getBytes(),
```

```
CompareOperator.EQUAL,new BinaryComparator(Bytes.toBytes("abc")));
        //过滤器设置到 Scan 对象中
        scan.setFilter(filter);
        //拿到需要的所有数据
        ResultScanner resultScanner = table.getScanner(scan);
        for (Result result : resultScanner) {
            byte[] row = result.getRow();
            List<Cell> cells = result.listCells();
            for (Cell cell : cells) {
                //获取 rowKey
                String rk = Bytes.toString(result.getRow());
                //获取列族名称
                String cf = Bytes.toString(CellUtil.cloneFamily(cell));
                //获取列名
                String cn = Bytes.toString(CellUtil.cloneQualifier(cell));
                //获取列的值
                String val = Bytes.toString(CellUtil.cloneValue(cell));

                System.out.println("rk=" + rk + ",cf=" + cf + ",cn=" + cn + ",val="
+ val);
            }
        }
    }
```

此方法打印的结果如下：

```
rk=row2,cf=info2,cn=name,val=abcd
```

2. 单列值过滤器的缺点及解决方案

（1）缺点

单列值过滤器使用起来很简单，但是也有一个缺点：单列值过滤器在发现该行记录并没有要比较的列时，就会把整行数据放入结果集中。

范例如下：

从表 userinfo 中列族为 info2、列为 address 的数据中筛选列值等于 beijing 的数据，程序代码如下：

```
public static void singleColumnValueFilter() throws IOException {
    //获取 HBase 配置对象
    Configuration conf = HBaseConfiguration.create();
    //设置 HBase 的相关配置
    conf.set("hbase.zookeeper.quorum", "192.168.3.211");
    //创建连接对象
    Connection connect = ConnectionFactory.createConnection(conf);
    //获取表对象
    Table table = connect.getTable(TableName.valueOf("userinfo"));
    //创建 Scan 对象
    Scan scan = new Scan();
    Filter filter=new
SingleColumnValueFilter("info2".getBytes(),"address".getBytes(),
CompareOperator.EQUAL,new BinaryComparator(Bytes.toBytes("beijing")));
    //过滤器设置到 Scan 对象中
    scan.setFilter(filter);
```

```
//拿到需要的所有数据
ResultScanner resultScanner = table.getScanner(scan);
for (Result result : resultScanner) {
    byte[] row = result.getRow();
    List<Cell> cells = result.listCells();
    for (Cell cell : cells) {
        //获取 RowKey
        String rk = Bytes.toString(result.getRow());
        //获取列族名称
        String cf = Bytes.toString(CellUtil.cloneFamily(cell));
        //获取列名
        String cn = Bytes.toString(CellUtil.cloneQualifier(cell));
        //获取列的值
        String val = Bytes.toString(CellUtil.cloneValue(cell));

        System.out.println("rk=" + rk + ",cf=" + cf + ",cn=" + cn + ",val="
+ val);
    }
}
}
```

在执行方法打印结果之前，先通过 HBase Shell 命令查看当前表中的数据，查询结果如下：

```
hbase(main):026:0> scan 'userinfo'
ROW            COLUMN+CELL
 row1          column=info:name, timestamp=1632227439060, value=clay
 row2          column=info:name, timestamp=1632244032910, value=abc
 row2          column=info2:name, timestamp=1632245598858, value=abcd
 row3          column=info:name, timestamp=1632227439072, value=lisi
 row3          column=info2:address, timestamp=1632246456665, value=beijing
 row3          column=info2:name, timestamp=1632245605426, value=abcd
3 row(s)
Took 0.0147 seconds
```

调用单列值过滤器方法打印的结果如下：

```
rk=row1,cf=info,cn=name,val=clay
rk=row2,cf=info,cn=name,val=abc
rk=row2,cf=info2,cn=name,val=abcd
rk=row3,cf=info,cn=name,val=lisi
rk=row3,cf=info2,cn=address,val=beijing
rk=row3,cf=info2,cn=name,val=abcd
```

从打印结果中可知，打印的数据根本不是想要的结果数据。

（2）解决方案

如果要安全地使用单列值过滤器，就必须保证每行记录都包含有要进行比较的列。如果无法保证每行记录中都包含有要比较的列，那么可以使用以下两种方案去处理：

1）在遍历结果集时，再次判断结果中是否包含有要比较的列，如果没有就不使用这条记录。

2）使用过滤器列表（FilterList）将列族过滤器、列过滤器和单列值过滤器放入过滤器列表中同时进行过滤。

第一种处理方案的完整代码如下：

```java
public static void singleColumnValueFilter() throws IOException {
    //获取 HBase 配置对象
    Configuration conf = HBaseConfiguration.create();
    //设置 HBase 的相关配置
    conf.set("hbase.zookeeper.quorum", "192.168.3.211");
    //创建连接对象
    Connection connect = ConnectionFactory.createConnection(conf);
    //获取表对象
    Table table = connect.getTable(TableName.valueOf("userinfo"));
    //创建 Scan 对象
    Scan scan = new Scan();
    Filter filter=new
SingleColumnValueFilter("info2".getBytes(),"address".getBytes(),
CompareOperator.EQUAL,new BinaryComparator(Bytes.toBytes("beijing")));
    //过滤器设置到 Scan 对象中
    scan.setFilter(filter);
    //拿到需要的所有数据
    ResultScanner resultScanner = table.getScanner(scan);
    for (Result result : resultScanner) {
        //进行列过滤
        if(null==result.getValue("info2".getBytes(),"address".getBytes()))
        {
            continue;
        }
         byte[] row = result.getRow();
        List<Cell> cells = result.listCells();
        for (Cell cell : cells) {
            //获取 RowKey
            String rk = Bytes.toString(result.getRow());
            //获取列族名称
            String cf = Bytes.toString(CellUtil.cloneFamily(cell));
            //获取列名
            String cn = Bytes.toString(CellUtil.cloneQualifier(cell));
            //获取列的值
            String val = Bytes.toString(CellUtil.cloneValue(cell));

            System.out.println("rk=" + rk + ",cf=" + cf + ",cn=" + cn + ",val=" + val);
        }
    }
}
```

第二种处理方案的完整代码如下：

```java
//解决单列值过滤器的缺点
public static void singleColumnValueFilterByfilterList() throws IOException {
    //获取 HBase 配置对象
    Configuration conf = HBaseConfiguration.create();
    //设置 HBase 的相关配置
    conf.set("hbase.zookeeper.quorum", "192.168.3.211");
    //创建连接对象
    Connection connect = ConnectionFactory.createConnection(conf);
    //获取表对象
    Table table = connect.getTable(TableName.valueOf("userinfo"));
    //创建 Scan 对象
    Scan scan = new Scan();
    FilterList filterList=new FilterList();
```

```
        //创建列过滤器
        BinaryComparator binaryComparator = new
BinaryComparator("address".getBytes());
        //scan.setFilter 需要的参数是 QualifierFilter, 所以先实例化一个 QualifierFilter 对象
        QualifierFilter  qualifierFilter = new
QualifierFilter(CompareOperator.EQUAL, binaryComparator);
        //把列过滤器实例添加到过滤器列表
        filterList.addFilter(qualifierFilter);
        //单列值过滤器
        Filter singleColumnValueFilter=new
SingleColumnValueFilter("info2".getBytes(),"address".getBytes(),
CompareOperator.EQUAL,new BinaryComparator(Bytes.toBytes("beijing")));
        //把单列值过滤器实例添加到过滤器列表
        filterList.addFilter(singleColumnValueFilter);
        //过滤器设置到 Scan 对象中
        scan.setFilter(filterList);

        //拿到需要的所有数据
        ResultScanner resultScanner = table.getScanner(scan);
        for (Result result : resultScanner) {

            byte[] row = result.getRow();
            List<Cell> cells = result.listCells();
            for (Cell cell : cells) {
                //获取 RowKey
                String rk = Bytes.toString(result.getRow());
                //获取列族名称
                String cf = Bytes.toString(CellUtil.cloneFamily(cell));
                //获取列名
                String cn = Bytes.toString(CellUtil.cloneQualifier(cell));
                //获取列的值
                String val = Bytes.toString(CellUtil.cloneValue(cell));

                System.out.println("rk=" + rk + ",cf=" + cf + ",cn=" + cn + ",val=" + val);
            }
        }
    }
```

此方法打印的结果如下：

```
rk=row3,cf=info2,cn=address,val=beijing
```

　　第二种处理方案的核心是使用了过滤器列表。这个方案的缺点是使用了多个过滤器，执行的速度比直接使用单列值过滤器慢。建议在实际工作中可以针对在每行中都存在的列使用单列值过滤器，对于不确定是否存在的列使用过滤器列表。

5.14　列值排除过滤器

　　列值排除过滤器主要用于进行单列的值过滤而不查询出这个列的值的统计操作，即查询结果中不会返回该列对应的值。在 HBase 中主要是通过 SingleColumnValueExcludeFilter 类来实现。该

类的构造函数的语法如下：

```
public SingleColumnValueExcludeFilter(byte[] family, byte[] qualifier,
CompareOp compareOp, byte[] value)
```

第一个参数表示列族的字节数组，第二个参数表示列名的字节数组，第三个参数表示列值匹配的运算符，第四个参数表示列值的字节数组。

范例如下：

```
//创建 Scan 对象
Scan scan = new Scan();
scan.setFilter(new
SingleColumnValueExcludeFilter("info".getBytes(),"name".getBytes(),
CompareOperator.EQUAL,new BinaryComparator(Bytes.toBytes("lisi"))));
    ResultScanner resultScanner = table.getScanner(scan);
```

上述程序代码的作用是，首先从表中筛选出存储 info 列族和 name 列并且列值等于 lisi 的行数据，然后返回除了 name 列的其他列数据。

范例程序的完整代码如下：

```
public static void singleColumnValueExcludeFilter() throws IOException {
    //获取 HBase 配置对象
    Configuration conf = HBaseConfiguration.create();
    //设置 HBase 的相关配置
    conf.set("hbase.zookeeper.quorum", "192.168.3.211");
    //创建连接对象
    Connection connect = ConnectionFactory.createConnection(conf);
    //获取表对象
    Table table = connect.getTable(TableName.valueOf("userinfo"));
    //创建 Scan 对象
    Scan scan = new Scan();
    scan.setFilter(new
SingleColumnValueExcludeFilter("info".getBytes(),"name".getBytes(),
CompareOperator.EQUAL,new BinaryComparator(Bytes.toBytes("lisi"))));
    ResultScanner resultScanner = table.getScanner(scan);
    for (Result result : resultScanner) {

        byte[] row = result.getRow();
        List<Cell> cells = result.listCells();
        for (Cell cell : cells) {
            //获取 RowKey
            String rk = Bytes.toString(result.getRow());
            //获取列族名称
            String cf = Bytes.toString(CellUtil.cloneFamily(cell));
            //获取列名
            String cn = Bytes.toString(CellUtil.cloneQualifier(cell));
            //获取列的值
            String val = Bytes.toString(CellUtil.cloneValue(cell));

            System.out.println("rk=" + rk + ",cf=" + cf + ",cn=" + cn + ",val="
+ val);
        }
    }
```

```
}
```

在执行此方法之前，先通过 HBase Shell 命令查询到当前表的所有数据，返回的信息如下：

```
hbase(main):022:0> scan 'userinfo'
ROW                    COLUMN+CELL
 row1                  column=info:name, timestamp=1632227439060, value=clay
 row2                  column=info:name, timestamp=1632244032910, value=abc
 row2                  column=info2:name, timestamp=1632245598858, value=abcd
 row3                  column=info:name, timestamp=1632227439072, value=lisi
 row3                  column=info2:address, timestamp=1632246456665,
value=beijing
 row3                  column=info2:name, timestamp=1632245605426, value=abcd
3 row(s)
Took 0.0094 seconds
```

然后执行此方法，打印结果如下：

```
rk=row3,cf=info2,cn=address,val=beijing
rk=row3,cf=info2,cn=name,val=abcd
```

因为 RowKey 等于 row3 的数据中存储在 info 列族和 name 列，并且列值是 lisi，所以使用列值过滤器的方法打印出了 RowKey 等于 row3 并排查了 name 列的数据。

5.15　随机行过滤器

当用户想随机抽取系统中的一部分数据时，可以使用随机行过滤器。这种过滤器适用于数据分析时对系统数据进行采样的应用场景，通过随机行过滤器可以随机地选择系统中的一部分数据。在 HBase 中实现随机行过滤器的是 RandomRowFilter 类。RandomRowFilter 类的构造函数的语法如下：

```
public RandomRowFilter(float chance) {
  this.chance = chance;
}
```

其中，chance 是一个用来比较的数值。当扫描器遍历数据时，每遍历到一行数据，HBase 就会调用 Random.nextFloat()函数获得一个随机数，并用这个随机数与用户提供的 chance 进行比较，如果比较的结果是随机数比 chance 小，则该条记录会被选出来，反之就会被过滤掉。chance 的取值范围是 0.0~1.0，如果把 chance 设为负数，那么所有的结果都会被过滤掉；如果设置的 chance 比 1.0 大，那么结果集中会包含所有的行。因此，也可以把 chance 看成是想要选取的数据在整个表数据中的百分比。

范例如下：

```
public static void randomRowFilter() throws IOException {
    //获取 HBase 配置对象
    Configuration conf = HBaseConfiguration.create();
    //设置 HBase 的相关配置
    conf.set("hbase.zookeeper.quorum", "192.168.3.211");
    //创建连接对象
```

```
Connection connect = ConnectionFactory.createConnection(conf);
//获取表对象
Table table = connect.getTable(TableName.valueOf("userinfo"));
Scan scan = new Scan();
//创建随机过滤器
RandomRowFilter randomRowFilter = new RandomRowFilter(new Float(0.2));
scan.setFilter(randomRowFilter);
ResultScanner resultScanner = table.getScanner(scan);
for (Result result : resultScanner) {
    byte[] row = result.getRow();
    System.out.println("数据的 RowKey 为" + Bytes.toString(row));
    List<Cell> cells = result.listCells();
    for (Cell cell : cells) {
        //获取 RowKey
        String rk = Bytes.toString(result.getRow());
        //获取列族名称
        String cf = Bytes.toString(CellUtil.cloneFamily(cell));
        //获取列名
        String cn = Bytes.toString(CellUtil.cloneQualifier(cell));
        //获取列的值
        String val = Bytes.toString(CellUtil.cloneValue(cell));

        System.out.println("rk=" + rk + ",cf=" + cf + ",cn=" + cn + ",val="
+ val);
    }
  }
}
```

上述代码中，chance 设置为 0.2，表示打印输出当前表中 20% 的数据。

5.16　分页过滤器

分页是在业务中经常使用的功能，在 HBase 中也单独提供了一个实现分页的过滤器，即分页过滤器。实现分页过滤器的是 PageFilter 类，该类的构造函数的语法如下：

```
public PageFilter(final long pageSize) {
  Preconditions.checkArgument(pageSize >= 0, "must be positive %s", pageSize);
  this.pageSize = pageSize;
}
```

该构造函数仅有一个参数 pageSize，即每页的记录数。如果想要输出当前表中的两行数据，则可以使用如下代码：

```
Scan scan = new Scan();
//设置最大的返回结果，返回 pageSize 条
scan.setMaxResultSize(2);
//分页过滤器
PageFilter pageFilter = new PageFilter(pageSize);
scan.setFilter(pageFilter);
```

如果要进行再翻页，就需要自己把上一次翻页的最后一个 RowKey 记录下来，并作为下一次

Scan 的 startRowkey，具体的程序代码如下：

```
Scan scan = new Scan();
//设置起始 RowKey
scan.withStartRow("上一页的最后一条 rowkey".getBytes());
//设置最大的返回结果，返回 pageSize 条
scan.setMaxResultSize(pageSize);
//分页过滤器
PageFilter pageFilter = new PageFilter(pageSize);
scan.setFilter(pageFilter);
```

范例如下：

在每一次翻页查询时，把最后一个 RowKey 保留下来，然后当进行下一页数据获取时，调用
Scan 的 withStartRow 方法，让下一次翻页扫描时从这个 RowKey 开始扫描。

范例程序的完整代码如下：

```
public void pageFilter(int pageNum, int pageSize, String rowkey) throws
IOException {

        //获取 HBase 配置对象
        Configuration conf = HBaseConfiguration.create();
        //设置 HBase 的相关配置
        conf.set("hbase.zookeeper.quorum", "192.168.3.211");
        //创建连接对象
        Connection connect = ConnectionFactory.createConnection(conf);
        //获取表对象
        Table table = connect.getTable(TableName.valueOf("userinfo"));
        /*
        分为两种情况判断：
        第一页
        其他页
         */
        //如果是第一页
        if (pageNum == 1){
            Scan scan = new Scan();
            //设置最大的返回结果，返回 pageSize 条
            scan.setMaxResultSize(pageSize);
            //分页过滤器
            PageFilter pageFilter = new PageFilter(pageSize);
            scan.setFilter(pageFilter);
            ResultScanner resultScanner = table.getScanner(scan);
            for (Result result : resultScanner) {
                byte[] row = result.getRow();
                System.out.println("数据的 RowKey 为" + Bytes.toString(row));
                List<Cell> cells = result.listCells();
                for (Cell cell : cells) {
                    //获取 RowKey
                    String rk = Bytes.toString(result.getRow());
                    //获取列族名称
                    String cf = Bytes.toString(CellUtil.cloneFamily(cell));
                    //获取列名
                    String cn = Bytes.toString(CellUtil.cloneQualifier(cell));
                    //获取列的值
                    String val = Bytes.toString(CellUtil.cloneValue(cell));
```

```
                    System.out.println("rk=" + rk + ",cf=" + cf + ",cn=" + cn + ",val="
+ val);
                }
            }
        } //第一页除外
        else {
            //设置上一页返回的最后一个RowKey作为当前页的开头
            String startRow = rowkey;
            Scan scan = new Scan();
            /*
            第二页的起始RowKey = 第一页的结束RowKey + 1
            第三页的起始RowKey = 第二页的结束RowKey + 1
             */
            int resultSize = (pageNum - 1) * pageSize + 1;
            //分页过滤器
            PageFilter pageFilter = new PageFilter(pageSize);
            scan.setFilter(pageFilter);
            ResultScanner resultScanner = table.getScanner(scan);
            for (Result result : resultScanner) {
                byte[] row = result.getRow();
                System.out.println("数据的RowKey为" + Bytes.toString(row));
                List<Cell> cells = result.listCells();
                for (Cell cell : cells) {
                    //获取RowKey
                    String rk = Bytes.toString(result.getRow());
                    //获取列族名称
                    String cf = Bytes.toString(CellUtil.cloneFamily(cell));
                    //获取列名
                    String cn = Bytes.toString(CellUtil.cloneQualifier(cell));
                    //获取列的值
                    String val = Bytes.toString(CellUtil.cloneValue(cell));
                    System.out.println("rk=" + rk + ",cf=" + cf + ",cn=" + cn + ",val="
+ val);
                }
            }
        }
    }
```

上述程序代码主要分为两个部分：第一部分是针对第一页数据的获取，第二部分是除第一页翻页之外的业务逻辑。在实际应用中，只需要根据核心代码，然后依据业务需求实现自己业务的分页需求。

5.17 多个过滤器综合查询

在实际工作中我们需要同时使用多个过滤器，比如当我们做一个列表页面时，就需要同时使用单列值过滤器和分页过滤器。为此，HBase 设计了一种专门的过滤器：过滤器列表（FilterList）。我们可以把想要同时执行的若干个过滤器添加到过滤器列表中，并把这个过滤器列表通过 setFilter 方法设置到 Scan 上。FilterList 的构造函数的语法如下：

```
public FilterList(final List<Filter> filters)
```

filters 就是多个过滤器组成的列表。

范例如下：

```
public void FilterList() throws IOException {
    //获取到 HBase 配置对象
    Configuration conf = HBaseConfiguration.create();
    //设置 HBase 的相关配置
    conf.set("hbase.zookeeper.quorum", "192.168.3.211");
    //创建连接对象
    Connection connect = ConnectionFactory.createConnection(conf);
    //获取表对象
    Table table = connect.getTable(TableName.valueOf("userinfo"));

    List<Filter> filters= new ArrayList<Filter>();
    //设置过滤条件：name 列值中包含 abc 字符串
    Filter nameFilter=new
SingleColumnValueFilter(Bytes.toBytes("info"),Bytes.toBytes("name"),
        CompareOperator.EQUAL,new SubstringComparator(("abc")));
    filters.add(nameFilter);
    //创建分页过滤器
    Filter pagefilter=new PageFilter(5);
    filters.add(pagefilter);
    //创建过滤器列表对象
    FilterList filterList=new FilterList(filters);
    //执行查询
    Scan scan = new Scan();
    scan.setFilter(filterList);
    ResultScanner resultScanner = table.getScanner(scan);

    for (Result result : resultScanner) {
        byte[] row = result.getRow();
        System.out.println("数据的 RowKey 为" + Bytes.toString(row));
        List<Cell> cells = result.listCells();
        for (Cell cell : cells) {
            //获取 RowKey
            String rk = Bytes.toString(result.getRow());
            //获取列族名称
            String cf = Bytes.toString(CellUtil.cloneFamily(cell));
            //获取列名
            String cn = Bytes.toString(CellUtil.cloneQualifier(cell));
            //获取列的值
            String val = Bytes.toString(CellUtil.cloneValue(cell));
            System.out.println("rk=" + rk + ",cf=" + cf + ",cn=" + cn + ",val="
+ val);
        }
    }
}
```

上述程序代码的作用是，从表内获取 info 列族中 name 列值包含 abc 字符串的数据，并且只返回 5 条符合条件的数据。

第6章

HBase 批量加载

本章主要内容：

- HBase 批量加载简介
- 海量交易记录数据存储案例

在大部分应用场景中，我们需要将外部的数据导入 HBase 集群中，例如将一些历史的数据导入 HBase 作为备份。前面章节介绍了 HBase 的 Java API，它可以通过 put 方式将数据写入 HBase 中，而这种方式需要与 HBase 连接，然后进行操作，这就需要 HBase 服务器维护、管理这些连接以及接受来自客户端的操作请求，从而给 HBase 的存储、计算、网络资源带来较大消耗。此时，在需要将海量数据写入 HBase 时，通过批量加载（Bulk Load）的方式会更为高效。本章主要介绍如何使用批量加载方式操作 HBase。

6.1　HBase 批量加载简介

1．批量加载的优势

HBase 的数据最终需要持久化到 HDFS 中。HDFS 是一个文件系统，数据以一定的格式存储到这个文件系统中，例如 Hive 能以 ORC、Parquet 等方式存储。HBase 也有自己的数据格式，即 HFile。批量加载就是直接将数据写入 StoreFile 中，从而绕开与 HBase 的交互，HFile 生成后直接一次性建立与 HBase 的关联即可。使用批量加载，绕过了写入 WAL、写入 MemStore 以及刷盘的过程，所以在性能上有明显的优势。

2．批量加载的流程

批量加载的流程主要分为下面两步：

1）通过 MapReduce 准备好数据文件（StoreFile）。
2）把数据文件加载到 HBase。

6.2　海量交易记录数据存储案例

在 MySQL 中有大量转账记录数据，需要将这些数据保存到 HBase 中。因为数据量非常庞大，所以采用 Bulk Load 方式来加载数据。为了方便数据备份，每天都会将对应的转账记录导出为 CSV 文本文件，并上传到 HDFS。我们需要做的就是将 HDFS 上的文件导入 HBase 中。表 6-1 所示是交易记录。

表6-1　交易记录

id	ID
numbercode	交易流水号
rev_account	收款账号
rev_bank_name	收款银行名称
rev_name	收款人姓名
pay_account	付款账号
pay_name	付款人姓名
pay_comments	转账备注附言
pay_channel	转账通道（柜台转账、ATM 转账/电子转账）
pay_way	转账方式
status	转账状态
timestamp	转账时间
money	转账金额

6.2.1　案例开发准备工作

因为需要把数据存储到 HBase 中，所以需要提前在 HBase 中创建好相应的表。创建方式有两种：一种是利用 HBase Shell 进行创建，另一种是利用 Java API 进行创建。如下是两种方式的命令或程序代码：

1. HBase Shell 方式

```
create 'record','cf1'
```

2. Java API 方式

```
public static void createTable() throws IOException{
    //获取 HBase 配置对象
    Configuration conf = HBaseConfiguration.create();
    //设置 HBase 的相关配置
    conf.set("hbase.zookeeper.quorum","192.168.3.211");
    //创建连接对象
    Connection connect = ConnectionFactory.createConnection(conf);
    //获取 Admin 对象
    Admin admin = connect.getAdmin();
    //创建表描述器
    HTableDescriptor student = new
HTableDescriptor(TableName.valueOf("record"));
    //添加 cf1 列族
```

```
        student.addFamily(new HColumnDescriptor("cf1"));
        //调用 API 创建表
        admin.createTable(student);
    }
```

6.2.2 编写实体类

首先创建实体类 RecordInfo，然后添加一个 analysis 的静态方法，用来将逗号分隔的字段解析为实体类。实现代码如下：

```
public class RecordInfo {
//唯一标识
private String id;
//交易流水号
private String numbercode;
//收款账号
private String rev_account;
//收款银行名称
private String rev_bank_name;
//收款人姓名
private String rev_name;
//付款账号
private String pay_account;
//付款人姓名
private String pay_name;
//转账备注附言
private String pay_comments;
//转账通道
private String pay_channel;
//转账方式
private String pay_way;
//转账状态
private String status;
//转账时间
private String timestamp;
//转账金额
private String money;

    public String getId() {
        return id;
    }

    public void setId(String id) {
        this.id = id;
    }

    public String getNumbercode() {
        return numbercode;
    }

    public void setNumbercode(String numbercode) {
        this.numbercode = numbercode;
    }

    public String getRev_account() {
```

```
        return rev_account;
    }

    public void setRev_account(String rev_account) {
        this.rev_account = rev_account;
    }

    public String getRev_bank_name() {
        return rev_bank_name;
    }

    public void setRev_bank_name(String rev_bank_name) {
        this.rev_bank_name = rev_bank_name;
    }

    public String getRev_name() {
        return rev_name;
    }

    public void setRev_name(String rev_name) {
        this.rev_name = rev_name;
    }

    public String getPay_account() {
        return pay_account;
    }

    public void setPay_account(String pay_account) {
        this.pay_account = pay_account;
    }

    public String getPay_name() {
        return pay_name;
    }

    public void setPay_name(String pay_name) {
        this.pay_name = pay_name;
    }

    public String getPay_comments() {
        return pay_comments;
    }

    public void setPay_comments(String pay_comments) {
        this.pay_comments = pay_comments;
    }

    public String getPay_channel() {
        return pay_channel;
    }

    public void setPay_channel(String pay_channel) {
        this.pay_channel = pay_channel;
    }

    public String getPay_way() {
        return pay_way;
    }
```

```java
public void setPay_way(String pay_way) {
    this.pay_way = pay_way;
}

public String getStatus() {
    return status;
}

public void setStatus(String status) {
    this.status = status;
}

public String getTimestamp() {
    return timestamp;
}

public void setTimestamp(String timestamp) {
    this.timestamp = timestamp;
}

public String getMoney() {
    return money;
}

public void setMoney(String money) {
    this.money = money;
}

@Override
public String toString() {
    return "RecordInfo{" +
            "id='" + id + '\'' +
            ", numbercode='" + numbercode + '\'' +
            ", rev_account='" + rev_account + '\'' +
            ", rev_bank_name='" + rev_bank_name + '\'' +
            ", rev_name='" + rev_name + '\'' +
            ", pay_account='" + pay_account + '\'' +
            ", pay_name='" + pay_name + '\'' +
            ", pay_comments='" + pay_comments + '\'' +
            ", pay_channel='" + pay_channel + '\'' +
            ", pay_way='" + pay_way + '\'' +
            ", status='" + status + '\'' +
            ", timestamp='" + timestamp + '\'' +
            ", money='" + money + '\'' +
            '}';
}

public static RecordInfo analysis(String line) {
    RecordInfo recordinfo = new RecordInfo();
    String[] fields = line.split(",");

    recordinfo.setId(fields[0]);
    recordinfo.setNumbercode(fields[1]);
    recordinfo.setRev_account(fields[2]);
    recordinfo.setRev_bank_name(fields[3]);
    recordinfo.setRev_name(fields[4]);
    recordinfo.setPay_account(fields[5]);
```

```
        recordinfo.setPay_name(fields[6]);
        recordinfo.setPay_comments(fields[7]);
        recordinfo.setPay_channel(fields[8]);
        recordinfo.setPay_way(fields[9]);
        recordinfo.setStatus(fields[10]);
        recordinfo.setTimestamp(fields[11]);
        recordinfo.setMoney(fields[12]);

        return recordinfo;
    }
}
```

测试代码如下：

```
public static void main(String[] args) {
        String str = "001,xo9xxx,620525200101234120,xx 银行,clay,620525200102012514,
gerry,欠款,PC 客户端,电子银行转账,转账完成,2021-10-18 20:04:21,1262.0";
        RecordInfo tr = analysis(str);

        System.out.println(tr);
    }
```

6.2.3　创建读取数据的 Mapper 类

创建读取数据的 Mapper 类的步骤如下：

1）创建一个 RecordMapper 类并继承 Mapper 类，Mapper 的泛型如下：

● 　输入键：LongWritable

● 　输入值：Text

● 　输出键：ImmutableBytesWritable

● 　输出值：MapReduceExtendedCell

2）将 Mapper 获取到的 Text 文本行转换为 RecordInfo 实体类。

3）从实体类中获取 ID，并转换为 RowKey。

4）使用 KeyValue 类新建存储单元，每个需要写入表中的字段都需要通过 new 新建出存储单元。

5）使用 context.write 将结果输出。

实现代码如下：

```
import org.apache.hadoop.hbase.KeyValue;
import org.apache.hadoop.hbase.io.ImmutableBytesWritable;
import org.apache.hadoop.hbase.util.Bytes;
import org.apache.hadoop.hbase.util.MapReduceExtendedCell;
import org.apache.hadoop.io.LongWritable;
import org.apache.hadoop.io.Text;
import org.apache.hadoop.mapreduce.Mapper;

import java.io.IOException;

public class RecordMapper extends Mapper<LongWritable, Text,
ImmutableBytesWritable, MapReduceExtendedCell> {
@Override
```

```
    protected void map(LongWritable key, Text value, Context context) throws
IOException, InterruptedException {
        RecordInfo  recordInfo = RecordInfo.analysis(value.toString());

        //从实体类中获取 ID，并转换为 RowKey
        String rowkeyString = transferRecord.getId();
        byte[] rowkeyByteArray = Bytes.toBytes(rowkeyString);
        byte[] columnFamily = Bytes.toBytes("cf1");
        byte[] colId = Bytes.toBytes("id");
        byte[] colNumbercode = Bytes.toBytes("numbercode");
        byte[] colRev_account = Bytes.toBytes("rev_account");
        byte[] colRev_bank_name = Bytes.toBytes("rev_bank_name");
        byte[] colRev_name = Bytes.toBytes("rev_name");
        byte[] colPay_account = Bytes.toBytes("pay_account");
        byte[] colPay_name = Bytes.toBytes("pay_name");
        byte[] colPay_comments = Bytes.toBytes("pay_comments");
        byte[] colPay_channel = Bytes.toBytes("pay_channel");
        byte[] colPay_way = Bytes.toBytes("pay_way");
        byte[] colStatus = Bytes.toBytes("status");
        byte[] colTimestamp = Bytes.toBytes("timestamp");
        byte[] colMoney = Bytes.toBytes("money");

        //创建输出键
        ImmutableBytesWritable immutableBytesWritable = new
ImmutableBytesWritable(rowkeyByteArray);

        //创建表的存储单元数据
        KeyValue kvId = new KeyValue(rowkeyByteArray, columnFamily, colId,
Bytes.toBytes(transferRecord.getId()));
        KeyValue kvNumbercode = new KeyValue(rowkeyByteArray, columnFamily,
colNumbercode, Bytes.toBytes(transferRecord.getNumbercode()));
        KeyValue kvRev_account = new KeyValue(rowkeyByteArray, columnFamily,
colRev_account, Bytes.toBytes(transferRecord.getRev_account()));
        KeyValue kvRev_bank_name = new KeyValue(rowkeyByteArray, columnFamily,
colRev_bank_name, Bytes.toBytes(transferRecord.getRev_bank_name()));
        KeyValue kvRev_name = new KeyValue(rowkeyByteArray, columnFamily,
colRev_name, Bytes.toBytes(transferRecord.getRev_name()));
        KeyValue kvPay_account = new KeyValue(rowkeyByteArray, columnFamily,
colPay_account, Bytes.toBytes(transferRecord.getPay_account()));
        KeyValue kvPay_name = new KeyValue(rowkeyByteArray, columnFamily,
colPay_name, Bytes.toBytes(transferRecord.getPay_name()));
        KeyValue kvPay_comments = new KeyValue(rowkeyByteArray, columnFamily,
colPay_comments, Bytes.toBytes(transferRecord.getPay_comments()));
        KeyValue kvPay_channel = new KeyValue(rowkeyByteArray, columnFamily,
colPay_channel, Bytes.toBytes(transferRecord.getPay_channel()));
        KeyValue kvPay_way = new KeyValue(rowkeyByteArray, columnFamily, colPay_way,
Bytes.toBytes(transferRecord.getPay_way()));
        KeyValue kvStatus = new KeyValue(rowkeyByteArray, columnFamily, colStatus,
Bytes.toBytes(transferRecord.getStatus()));
        KeyValue kvTimestamp = new KeyValue(rowkeyByteArray, columnFamily,
colTimestamp, Bytes.toBytes(transferRecord.getTimestamp()));
        KeyValue kvMoney = new KeyValue(rowkeyByteArray, columnFamily, colMoney,
Bytes.toBytes(transferRecord.getMoney()));

        //创建输出的结果
        context.write(immutableBytesWritable, new MapReduceExtendedCell(kvId));
        context.write(immutableBytesWritable, new
```

```
MapReduceExtendedCell(kvNumbercode));
        context.write(immutableBytesWritable, new
MapReduceExtendedCell(kvRev_account));
        context.write(immutableBytesWritable, new
MapReduceExtendedCell(kvRev_bank_name));
        context.write(immutableBytesWritable, new
MapReduceExtendedCell(kvRev_name));
        context.write(immutableBytesWritable, new
MapReduceExtendedCell(kvPay_account));
        context.write(immutableBytesWritable, new
MapReduceExtendedCell(kvPay_name));
        context.write(immutableBytesWritable, new
MapReduceExtendedCell(kvPay_comments));
        context.write(immutableBytesWritable, new
MapReduceExtendedCell(kvPay_channel));
        context.write(immutableBytesWritable, new
MapReduceExtendedCell(kvPay_way));
        context.write(immutableBytesWritable, new
MapReduceExtendedCell(kvStatus));
        context.write(immutableBytesWritable, new
MapReduceExtendedCell(kvTimestamp));
        context.write(immutableBytesWritable, new MapReduceExtendedCell(kvMoney));
    }
}
```

6.2.4　编写驱动类

驱动类主要用来驱动 Map 和 Reduce 程序，或者说用来构建 Map 和 Reduce。因为只需要将数据读取出来，然后生成对应的 StoreFile 文件，所以这里编写的 MapReduce 程序只有 Mapper 程序，不需要编写 Reducer 程序。

驱动类实现代码如下：

```
import org.apache.hadoop.conf.Configuration;
import org.apache.hadoop.fs.Path;
import org.apache.hadoop.hbase.HBaseConfiguration;
import org.apache.hadoop.hbase.TableName;
import org.apache.hadoop.hbase.client.Connection;
import org.apache.hadoop.hbase.client.ConnectionFactory;
import org.apache.hadoop.hbase.client.RegionLocator;
import org.apache.hadoop.hbase.client.Table;
import org.apache.hadoop.hbase.io.ImmutableBytesWritable;
import org.apache.hadoop.hbase.mapreduce.HFileOutputFormat2;
import org.apache.hadoop.hbase.util.MapReduceExtendedCell;
import org.apache.hadoop.mapreduce.Job;
import org.apache.hadoop.mapreduce.lib.input.FileInputFormat;
import org.apache.hadoop.mapreduce.lib.input.TextInputFormat;
import org.apache.hadoop.mapreduce.lib.output.FileOutputFormat;

import java.io.IOException;

public class RecordBulkLoadDriver{
public static void main(String[] args) throws Exception {
        //1.加载配置文件
        Configuration configuration = HBaseConfiguration.create();
        //2.创建 HBase 连接
        Connection connection = ConnectionFactory.createConnection(configuration);
```

```
//3.获取 HTable
Table table = connection.getTable(TableName.valueOf("record"));

//4.创建 MapReduce 任务
Job job = Job.getInstance(configuration);
//设置要执行的 JAR 包
    job.setJarByClass(RecordBulkLoadDriver.class);
job.setInputFormatClass(TextInputFormat.class);
//设置 MapperClass
job.setMapperClass(BankRecordMapper.class);
//设置输出键
    job.setOutputKeyClass(ImmutableBytesWritable.class);
//设置输出值
job.setOutputValueClass(MapReduceExtendedCell.class);
//设置输入/输出到 HDFS 的路径
    FileInputFormat.setInputPaths(job, new
Path("hdfs://node1:8020/transactionRecord/input"));
    //ii. FileOutputFormat.setOutputPath
    FileOutputFormat.setOutputPath(job, new
Path("hdfs://node1:8020/transactionRecord/output"));

    //获取 HBase Region 的分布情况
    RegionLocator regionLocator =
connection.getRegionLocator(TableName.valueOf("record"));
    //HFile 输出
    HFileOutputFormat2.configureIncrementalLoad(job, table, regionLocator);
    //执行 MapReduce 程序
    if(job.waitForCompletion(true)) {
        System.exit(0);
    }
    else {
        System.exit(1);
    }
    }
}
```

6.2.5　上传数据到 HDFS

将 CSV 格式的数据集上传到 HDFS 的/transactionRecord/input 目录中。执行如下命令：

```
hadoop fs -mkdir -p /transactionRecord/input
hadoop fs -put record.csv /transactionRecord/input
```

6.2.6　将导入的 HDFS 数据与 HBase 进行关联

导入数据后执行 MapReduce 程序，然后在 Hadoop 中将导入的 HDFS 数据和 HBase 进行关联，执行命令如下：

```
hbase org.apache.hadoop.hbase.tool.LoadIncrementalHFiles /transactionRecor
d/output record
```

执行完上面的命令后，就可以直接在 HBase 中查询这些数据。

第7章

协处理器

本章主要内容：

● 协处理器简介

● 协处理器相关类解析

● 协处理器案例实战

使用过滤器可以减少服务器端通过网络返回到客户端的数据量，而 HBase 中还有一些特性甚至可以让用户把一部分计算也转移到数据的存放端，这就是协处理器。本章主要介绍协处理器相关的知识。

7.1 协处理器简介

1. 什么是协处理器

当我们使用传统的关系数据库时，如果有一些作业对性能要求比较高并且需求不会经常变动，那么就会采用存储过程来实现；还有一些作业需要当数据达到某种条件时自动触发，就会采用触发器来实现。在 HBase 中也有类似存储过程和触发器的功能，就是协处理器（coprocessor）。

协处理器允许用户在 Region 服务器上运行自己的代码，并且可以使用与 RDBMS（Relational Database Management System，关系数据库管理系统）中触发器（trigger）类似的功能。在客户端，用户不用关心操作具体在哪里执行，HBase 的分布式框架会帮助用户把这些工作变得透明。

2. 为什么要用协处理器

HBase 是一款高效的基于键值（key-value）对的 NoSQL 数据库，它的设计集中在 RowKey 上，所以能够基于 RowKey 进行高效的查询。但是，除了 RowKey 的设计之外，我们还需要实现如下一些功能：

1）访问权限控制。

2）引用完整性，基于外键检验数据。

3）给 HBase 设计二级索引，从而提高基于列过滤时的查询性能。

4）像监控 MySQL 的 BinLog 一样，监控 HBase 的 WAL 预写 Log。

5）服务端自定义实现一些聚合函数的功能。

上面这些功能，使用 HBase 的协处理器来处理是非常方便且高效的。

7.2　协处理器分类

HBase 的协处理器涵盖了两种类似关系数据库中的应用场景：一种是存储过程，另一种是触发器。协处理器也分为两种，分别是用来实现存储过程功能的终端程序（Endpoint）和用来实现触发器功能的观察者（Observer）。

1. Endpoint

Endpoint 协处理器类似传统数据库中的存储过程，客户端可以调用这些 Endpoint 协处理器执行一段服务器端的代码，并将服务器端代码的执行结果返回给客户端做进一步的处理，常见的用法就是进行聚合操作。传统数据库在执行聚合函数时是将数据从数据库拉取到客户端，然后进行聚合操作，这种聚合的操作发生在客户端，但是这样的操作在大数据环境下明显不是很合适。Endpoint 协处理器利用大数据的分布式环境，让每个服务器节点计算自己的数据，计算完成后将结果发给客户端进行最终的汇总。

2. Observer

Observer 协处理器与触发器类似，在一些特定事件发生时被执行。这些事件包括一些用户产生的事件，也包括服务器端内部自动产生的事件。协处理器框架提供的接口如下：

- RegionObserver: 针对 Region 的观察者，可以监听关于 Region 的操作。
- RegionServerObserver: 针对 RegionServer 的观察者，可以监听整个 RegionServer 的操作。
- MasterObserver: 针对 Master 的观察者，可以监听 Master 进行的 DDL 操作。
- WALObserver: 针对 WAL 的观察者，可以监听 WAL 的所有读写操作。

7.3　Coprocessor 接口

所有协处理器的类都必须实现 Coprocessor 接口，它定义了协处理器的基本约定，并使得框架本身的管理变得更加容易。Coprocessor 接口提供了以下两种方法：

```
default void start(CoprocessorEnvironment env) throws IOException {}
default void stop(CoprocessorEnvironment env) throws IOException {}
```

这两种方法在协处理器开始和结束时被调用。CoprocessorEnvironment 用来在协处理器的生命

周期中保持其状态。协处理器实例一直被保存在其提供的环境中。CoprocessorEnvironment 的程序
代码如下：

```
public interface CoprocessorEnvironment<C extends Coprocessor> {

  /** @return the Coprocessor interface version 返回协处理器接口版本
*/
  int getVersion();

  /** @return the HBase version as a string (e.g. "0.21.0") 以字符串形式返回 HBase
版本*/
  String getHBaseVersion();

  /** @return the loaded coprocessor instance 返回加载的协处理器实例

*/
  C getInstance();

  /** @return the priority assigned to the loaded coprocessor 返回分配给已加载
协处理器的优先级

*/
  int getPriority();

  /** @return the load sequence number 返回加载序列号

*/
  int getLoadSequence();

  /** @return a Read-only Configuration 返回只读配置
   */
  Configuration getConfiguration();

  /** @return the classloader for the loaded coprocessor instance 返回已加载协
处理器实例的类加载器

   */
  ClassLoader getClassLoader();
}
```

在协处理器实例的生命周期中，Coprocessor 接口的 start()和 stop()方法会被框架隐式调用，处
理过程中的每一步都有一个状态。下面是协处理器提供的生命周期状态的枚举值。

```
enum State {
//协处理器最初的状态，没有环境，也没有被初始化
  UNINSTALLED,
//实例加载了它的环境参数
  INSTALLED,
//协处理器将要工作，即 start()方法将被调用
  STARTING,
//一旦 start()方法被调用，当前状态被设置为 active
  ACTIVE,
//stop 方法被调用之前的状态
  STOPPING,
//一旦 stop()方法被调用，当前状态被设置为 stopped
```

```
    STOPPED
}
```

集群刚刚启动时协处理器为 UNINSTALLED（未安装）的状态，协处理器被加载完毕后会进入 ACTIVE（活动）状态，在集群的运行过程中协处理器的状态会一直维持在 ACTIVE 中，直到集群即将关闭时会先关闭协处理器，此时协处理器就从 ACTIVE 状态变为 STOPPED（停止）状态。

协处理器的优先级决定了执行的顺序，系统（system）级协处理器在用户（user）级协处理器之前执行。下面是协处理器执行顺序的相关字段：

```
/** Highest installation priority  最高优先级*/
int PRIORITY_HIGHEST = 0;
/** High (system) installation priority  系统级别的协处理器*/
int PRIORITY_SYSTEM = Integer.MAX_VALUE / 4;
/** Default installation priority for user coprocessors 用户级别的协处理器*/
int PRIORITY_USER = Integer.MAX_VALUE / 2;
/** Lowest installation priority  最低优先级*/
int PRIORITY_LOWEST = Integer.MAX_VALUE;
```

7.4　协处理器的加载

加载协处理器的方式有许多种，用户既可以将协处理器配置为使用静态方式加载，也可以在集群运行时动态加载协处理器。使用配置文件和表描述符加载是静态加载方法，下面将逐一介绍这两种静态加载的方法。

7.4.1　使用配置文件加载

用户可以将协处理器配置在 hbase-site.xml 中，这样在 HBase 启动时，协处理器会被自动加载。配置内容如下：

```
<property>
    <name>hbase.coprocessor.region.classes</name>
    <value>class1,class2</value>
</property>
<property>
    <name>hbase.coprocessor.master.classes</name>
    <value>class1,class2</value>
</property>
<property>
    <name>hbase.coprocessor.wal.classes</name>
    <value>class1,class2</value>
</property>
```

此时，配置文件中配置项的顺序决定了执行顺序。所有协处理器都是以系统优先级进行加载的，配置文件在 HBase 启动时首先被检查。虽然可以在其他地方增加系统优先级的协处理器，但是在配置文件中配置的协处理器是被最先执行的。如果需要启动全局 aggregation（可以操纵所有的表上的数据），只需要添加如下的代码：

```
<property>
```

```
<name>hbase.coprocessor.user.region.classes</name>
<value>org.apache.hadoop.hbase.coprocessor.AggregateImplementation</value>
</property>
```

在配置完成之后需要重启 HBase。

7.4.2　从表描述器中加载

通过表描述器加载的协处理器只针对这个表的 Region，同时也只被这些 Region 的 RegionServer 使用。由于是使用表的上下文加载的，所以与配置文件中加载的协处理器影响所有表相比，这种方法加载的协处理器更具有针对性。用户需要在表描述器中调用 HTableDescriptor.setvalue()方法进行定义：键必须以 coprocessor 开头，值必须符合以下格式：

```
<path-to-jar>|<classname>|<priority>
```

示例如下：

① 使用系统优先级

```
'coprocessor'=>'hdfs://192.168.3.211:8082/user/solr/hbase/observer/HBaseCo
processor.jar|com.hbase.coprocessor.HBaseDataSyncSolrObserver|SYSTEM'
```

② 使用用户优先级

```
'coprocessor'=>'/user/solr/hbase/observer/HBaseCoprocessor.jar|com.hbase.c
oprocessor.HBaseDataSyncSolrObserver|USER'
```

其中，path-to-jar 可以是一个完整的 HDFS 地址或其他 Hadoop FileSystem 类支持的地址，Observers 协处理器使用了本地路径。classname 定义了具体的实现类。JAR 可能包含许多协处理器类，但是只能给一张表设定一个协处理器，用户应该使用标准的 Java 包命名规则来命名指定类。

范例如下：

使用 Java API 从表描述器中加载协处理器，程序代码如下：

```
import org.apache.hadoop.conf.Configuration;
import org.apache.hadoop.hbase.Coprocessor;
import org.apache.hadoop.hbase.HBaseConfiguration;
import org.apache.hadoop.hbase.HTableDescriptor;
import org.apache.hadoop.hbase.TableName;
import org.apache.hadoop.hbase.client.*;
import org.apache.hadoop.hbase.util.Bytes;

import java.io.IOException;
import org.apache.hadoop.fs.Path;
import java.util.ArrayList;
import java.util.List;

public class Chapter9 {

    public static void  CoprocessorCreateTest() throws IOException {
```

```
        //获取 HBase 配置对象
        Configuration conf = HBaseConfiguration.create();
        //设置 HBase 的相关配置
        conf.set("hbase.zookeeper.quorum","192.168.3.211");
        //创建连接对象
        Connection connect = ConnectionFactory.createConnection(conf);
        //获取 Admin 对象
        Admin admin = connect.getAdmin();
        //创建表描述器
        HTableDescriptor hTableDescriptor = new
HTableDescriptor(TableName.valueOf("hbase—table"));
        Path path = new Path("/user/hdfs/coprocessor/test.jar");
        hTableDescriptor.setValue("COPROCESSOR", path.toString() + "|" +
"class" + "|" + Coprocessor.PRIORITY_SYSTEM);

        admin.createTable(hTableDescriptor);

    }
  }
```

提　示

一旦表被启用并且 Region 被打开，框架会首先加载配置文件中的协处理器，然后加载表描述器中的协处理器。

7.5　RegionObserver 类

RegionObserver 类属于 Observer 协处理器，当一个特定的 Region 级别的操作发生时，它们的钩子函数就会被触发。这些操作可以分为两类，分别是 Region 生命周期变化和客户端 API 调用。RegionObserver 类的代码如下：

```
package org.apache.hadoop.hbase.coprocessor;

import java.io.IOException;
import java.util.List;
import java.util.Map;
import org.apache.hadoop.fs.FileSystem;
import org.apache.hadoop.fs.Path;
import org.apache.hadoop.hbase.Cell;
import org.apache.hadoop.hbase.CompareOperator;
import org.apache.hadoop.hbase.client.Append;
import org.apache.hadoop.hbase.client.Delete;
import org.apache.hadoop.hbase.client.Durability;
import org.apache.hadoop.hbase.client.Get;
import org.apache.hadoop.hbase.client.Increment;
import org.apache.hadoop.hbase.client.Mutation;
import org.apache.hadoop.hbase.client.Put;
import org.apache.hadoop.hbase.client.RegionInfo;
import org.apache.hadoop.hbase.client.Result;
import org.apache.hadoop.hbase.client.Scan;
import org.apache.hadoop.hbase.filter.ByteArrayComparable;
```

```java
import org.apache.hadoop.hbase.io.FSDataInputStreamWrapper;
import org.apache.hadoop.hbase.io.Reference;
import org.apache.hadoop.hbase.io.hfile.CacheConfig;
import org.apache.hadoop.hbase.regionserver.FlushLifeCycleTracker;
import org.apache.hadoop.hbase.regionserver.InternalScanner;
import org.apache.hadoop.hbase.regionserver.MiniBatchOperationInProgress;
import org.apache.hadoop.hbase.regionserver.RegionScanner;
import org.apache.hadoop.hbase.regionserver.ScanOptions;
import org.apache.hadoop.hbase.regionserver.ScanType;
import org.apache.hadoop.hbase.regionserver.Store;
import org.apache.hadoop.hbase.regionserver.StoreFile;
import org.apache.hadoop.hbase.regionserver.StoreFileReader;
import org.apache.hadoop.hbase.regionserver.Region.Operation;
import org.apache.hadoop.hbase.regionserver.compactions.
CompactionLifeCycleTracker;
import org.apache.hadoop.hbase.regionserver.compactions.CompactionRequest;
import org.apache.hadoop.hbase.regionserver.querymatcher.DeleteTracker;
import org.apache.hadoop.hbase.util.Pair;
import org.apache.hadoop.hbase.wal.WALEdit;
import org.apache.hadoop.hbase.wal.WALKey;
import org.apache.yetus.audience.InterfaceAudience.LimitedPrivate;
import org.apache.yetus.audience.InterfaceStability.Evolving;

@LimitedPrivate({"Coprocesssor"})
@Evolving
public interface RegionObserver {
    default void preOpen(ObserverContext<RegionCoprocessorEnvironment> c)
throws IOException {
    }

    default void postOpen(ObserverContext<RegionCoprocessorEnvironment> c) {
    }

    default void preFlush(ObserverContext<RegionCoprocessorEnvironment> c,
FlushLifeCycleTracker tracker) throws IOException {
    }

    default void
preFlushScannerOpen(ObserverContext<RegionCoprocessorEnvironment> c, Store store,
ScanOptions options, FlushLifeCycleTracker tracker) throws IOException {
    }

    default InternalScanner
preFlush(ObserverContext<RegionCoprocessorEnvironment> c, Store store,
InternalScanner scanner, FlushLifeCycleTracker tracker) throws IOException {
        return scanner;
    }

    default void postFlush(ObserverContext<RegionCoprocessorEnvironment> c,
FlushLifeCycleTracker tracker) throws IOException {
    }

    default void postFlush(ObserverContext<RegionCoprocessorEnvironment> c,
Store store, StoreFile resultFile, FlushLifeCycleTracker tracker) throws
IOException {
```

```
        }

        default void
preMemStoreCompaction(ObserverContext<RegionCoprocessorEnvironment> c, Store
store) throws IOException {
        }

        default void
preMemStoreCompactionCompactScannerOpen(ObserverContext<RegionCoprocessorEnvir
onment> c, Store store, ScanOptions options) throws IOException {
        }

        default InternalScanner
preMemStoreCompactionCompact(ObserverContext<RegionCoprocessorEnvironment> c,
Store store, InternalScanner scanner) throws IOException {
            return scanner;
        }

        default void
postMemStoreCompaction(ObserverContext<RegionCoprocessorEnvironment> c, Store
store) throws IOException {
        }

        default void
preCompactSelection(ObserverContext<RegionCoprocessorEnvironment> c, Store store,
List<? extends StoreFile> candidates, CompactionLifeCycleTracker tracker) throws
IOException {
        }

        default void
postCompactSelection(ObserverContext<RegionCoprocessorEnvironment> c, Store
store, List<? extends StoreFile> selected, CompactionLifeCycleTracker tracker,
CompactionRequest request) {
        }

        default void
preCompactScannerOpen(ObserverContext<RegionCoprocessorEnvironment> c, Store
store, ScanType scanType, ScanOptions options, CompactionLifeCycleTracker tracker,
CompactionRequest request) throws IOException {
        }

        default InternalScanner
preCompact(ObserverContext<RegionCoprocessorEnvironment> c, Store store,
InternalScanner scanner, ScanType scanType, CompactionLifeCycleTracker tracker,
CompactionRequest request) throws IOException {
            return scanner;
        }

        default void postCompact(ObserverContext<RegionCoprocessorEnvironment> c,
Store store, StoreFile resultFile, CompactionLifeCycleTracker tracker,
CompactionRequest request) throws IOException {
        }

        default void preClose(ObserverContext<RegionCoprocessorEnvironment> c,
boolean abortRequested) throws IOException {
```

```
        }

        default void postClose(ObserverContext<RegionCoprocessorEnvironment> c,
boolean abortRequested) {
        }

        default void preGetOp(ObserverContext<RegionCoprocessorEnvironment> c,
Get get, List<Cell> result) throws IOException {
        }

        default void postGetOp(ObserverContext<RegionCoprocessorEnvironment> c,
Get get, List<Cell> result) throws IOException {
        }

        default boolean preExists(ObserverContext<RegionCoprocessorEnvironment> c,
Get get, boolean exists) throws IOException {
            return exists;
        }

        default boolean postExists(ObserverContext<RegionCoprocessorEnvironment>
c, Get get, boolean exists) throws IOException {
            return exists;
        }

        default void prePut(ObserverContext<RegionCoprocessorEnvironment> c, Put
put, WALEdit edit, Durability durability) throws IOException {
        }

        default void postPut(ObserverContext<RegionCoprocessorEnvironment> c, Put
put, WALEdit edit, Durability durability) throws IOException {
        }

        default void preDelete(ObserverContext<RegionCoprocessorEnvironment> c,
Delete delete, WALEdit edit, Durability durability) throws IOException {
        }

        /** @deprecated */
        @Deprecated
        default void
prePrepareTimeStampForDeleteVersion(ObserverContext<RegionCoprocessorEnvironme
nt> c, Mutation mutation, Cell cell, byte[] byteNow, Get get) throws IOException {
        }

        default void postDelete(ObserverContext<RegionCoprocessorEnvironment> c,
Delete delete, WALEdit edit, Durability durability) throws IOException {
        }

        default void preBatchMutate(ObserverContext<RegionCoprocessorEnvironment>
c, MiniBatchOperationInProgress<Mutation> miniBatchOp) throws IOException {
        }

        default void
postBatchMutate(ObserverContext<RegionCoprocessorEnvironment> c,
MiniBatchOperationInProgress<Mutation> miniBatchOp) throws IOException {
        }
```

```
        default void
postStartRegionOperation(ObserverContext<RegionCoprocessorEnvironment> ctx,
Operation operation) throws IOException {
        }

        default void
postCloseRegionOperation(ObserverContext<RegionCoprocessorEnvironment> ctx,
Operation operation) throws IOException {
        }

        default void
postBatchMutateIndispensably(ObserverContext<RegionCoprocessorEnvironment> ctx,
MiniBatchOperationInProgress<Mutation> miniBatchOp, boolean success) throws
IOException {
        }

        default boolean
preCheckAndPut(ObserverContext<RegionCoprocessorEnvironment> c, byte[] row, byte[]
family, byte[] qualifier, CompareOperator op, ByteArrayComparable comparator, Put
put, boolean result) throws IOException {
                return result;
        }

        default boolean
preCheckAndPutAfterRowLock(ObserverContext<RegionCoprocessorEnvironment> c,
byte[] row, byte[] family, byte[] qualifier, CompareOperator op,
ByteArrayComparable comparator, Put put, boolean result) throws IOException {
                return result;
        }

        default boolean
postCheckAndPut(ObserverContext<RegionCoprocessorEnvironment> c, byte[] row,
byte[] family, byte[] qualifier, CompareOperator op, ByteArrayComparable
comparator, Put put, boolean result) throws IOException {
                return result;
        }

        default boolean
preCheckAndDelete(ObserverContext<RegionCoprocessorEnvironment> c, byte[] row,
byte[] family, byte[] qualifier, CompareOperator op, ByteArrayComparable
comparator, Delete delete, boolean result) throws IOException {
                return result;
        }

        default boolean
preCheckAndDeleteAfterRowLock(ObserverContext<RegionCoprocessorEnvironment> c,
byte[] row, byte[] family, byte[] qualifier, CompareOperator op,
ByteArrayComparable comparator, Delete delete, boolean result) throws IOException
{
                return result;
        }

        default boolean
postCheckAndDelete(ObserverContext<RegionCoprocessorEnvironment> c, byte[] row,
```

```
byte[] family, byte[] qualifier, CompareOperator op, ByteArrayComparable
comparator, Delete delete, boolean result) throws IOException {
        return result;
    }

    default Result preAppend(ObserverContext<RegionCoprocessorEnvironment> c,
Append append) throws IOException {
        return null;
    }

    default Result
preAppendAfterRowLock(ObserverContext<RegionCoprocessorEnvironment> c, Append
append) throws IOException {
        return null;
    }

    default Result postAppend(ObserverContext<RegionCoprocessorEnvironment> c,
Append append, Result result) throws IOException {
        return result;
    }

    default Result preIncrement(ObserverContext<RegionCoprocessorEnvironment>
c, Increment increment) throws IOException {
        return null;
    }

    default Result
preIncrementAfterRowLock(ObserverContext<RegionCoprocessorEnvironment> c,
Increment increment) throws IOException {
        return null;
    }

    default Result
postIncrement(ObserverContext<RegionCoprocessorEnvironment> c, Increment
increment, Result result) throws IOException {
        return result;
    }

    default void preScannerOpen(ObserverContext<RegionCoprocessorEnvironment>
c, Scan scan) throws IOException {
    }

    default RegionScanner
postScannerOpen(ObserverContext<RegionCoprocessorEnvironment> c, Scan scan,
RegionScanner s) throws IOException {
        return s;
    }

    default boolean
preScannerNext(ObserverContext<RegionCoprocessorEnvironment> c, InternalScanner
s, List<Result> result, int limit, boolean hasNext) throws IOException {
        return hasNext;
    }

    default boolean
```

```
postScannerNext(ObserverContext<RegionCoprocessorEnvironment> c,
InternalScanner s, List<Result> result, int limit, boolean hasNext) throws
IOException {
        return hasNext;
    }

    default boolean
postScannerFilterRow(ObserverContext<RegionCoprocessorEnvironment> c,
InternalScanner s, Cell curRowCell, boolean hasMore) throws IOException {
        return hasMore;
    }

    default void
preScannerClose(ObserverContext<RegionCoprocessorEnvironment> c,
InternalScanner s) throws IOException {
    }

    default void
postScannerClose(ObserverContext<RegionCoprocessorEnvironment> ctx,
InternalScanner s) throws IOException {
    }

    default void
preStoreScannerOpen(ObserverContext<RegionCoprocessorEnvironment> ctx, Store
store, ScanOptions options) throws IOException {
    }

    default void preReplayWALs(ObserverContext<? extends
RegionCoprocessorEnvironment> ctx, RegionInfo info, Path edits) throws IOException
{
    }

    default void postReplayWALs(ObserverContext<? extends
RegionCoprocessorEnvironment> ctx, RegionInfo info, Path edits) throws IOException
{
    }

    default void preWALRestore(ObserverContext<? extends
RegionCoprocessorEnvironment> ctx, RegionInfo info, WALKey logKey, WALEdit logEdit)
throws IOException {
    }

    default void postWALRestore(ObserverContext<? extends
RegionCoprocessorEnvironment> ctx, RegionInfo info, WALKey logKey, WALEdit logEdit)
throws IOException {
    }

    default void
preBulkLoadHFile(ObserverContext<RegionCoprocessorEnvironment> ctx,
List<Pair<byte[], String>> familyPaths) throws IOException {
    }

    default void
preCommitStoreFile(ObserverContext<RegionCoprocessorEnvironment> ctx, byte[]
family, List<Pair<Path, Path>> pairs) throws IOException {
```

```
        }

        default void
postCommitStoreFile(ObserverContext<RegionCoprocessorEnvironment> ctx, byte[]
family, Path srcPath, Path dstPath) throws IOException {
        }

        default void
postBulkLoadHFile(ObserverContext<RegionCoprocessorEnvironment> ctx,
List<Pair<byte[], String>> stagingFamilyPaths, Map<byte[], List<Path>> finalPaths)
throws IOException {
        }

        /** @deprecated */
        @Deprecated
        default StoreFileReader
preStoreFileReaderOpen(ObserverContext<RegionCoprocessorEnvironment> ctx,
FileSystem fs, Path p, FSDataInputStreamWrapper in, long size, CacheConfig
cacheConf, Reference r, StoreFileReader reader) throws IOException {
            return reader;
        }

        /** @deprecated */
        @Deprecated
        default StoreFileReader
postStoreFileReaderOpen(ObserverContext<RegionCoprocessorEnvironment> ctx,
FileSystem fs, Path p, FSDataInputStreamWrapper in, long size, CacheConfig
cacheConf, Reference r, StoreFileReader reader) throws IOException {
            return reader;
        }

        default Cell
postMutationBeforeWAL(ObserverContext<RegionCoprocessorEnvironment> ctx,
RegionObserver.MutationType opType, Mutation mutation, Cell oldCell, Cell newCell)
throws IOException {
            return newCell;
        }

        /** @deprecated */
        @Deprecated
        default DeleteTracker
postInstantiateDeleteTracker(ObserverContext<RegionCoprocessorEnvironment> ctx,
DeleteTracker delTracker) throws IOException {
            return delTracker;
        }

    public static enum MutationType {
        APPEND,
        INCREMENT;

        private MutationType() {
        }
    }
}
```

7.5.1　Region 状态

Region 生命周期中主要的几个状态是 pending open、open 和 pending close 状态。Observer 可以与这些状态通过钩子链接，每一个钩子都被框架隐式地调用。这几种状态分别对应的钩子函数代码如下：

1）pending open 状态：

```
void preOpen(final ObserverContext<RegionCoprocessorEnvironment> c) throws
IOException;
    void postOpen(final ObserverContext<RegionCoprocessorEnvironment> c);
```

Region 将要被打开时会处于 pending open 状态，监听的协处理器可以搭载这个过程或阻止这个过程。这两种方法会在 Region 被打开前或刚刚打开后被调用。用户可以在自己的协处理器实现中使用这两种方法。

Region 在打开状态之前，Region 服务器可能需要从 WAL（Write-Ahead-logging，预写系统日志）中把一些记录应用到 Region 中，这时会触发以下方法：

```
void preWALRestore(final ObserverContext<? extends
RegionCoprocessorEnvironment> ctx,
        HRegionInfo info, WALKey logKey, WALEdit logEdit) throws IOException;
    void postWALRestore(final ObserverContext<? extends
RegionCoprocessorEnvironment> ctx,
        HRegionInfo info, WALKey logKey, WALEdit logEdit) throws IOException;
```

这些方法可以让用户在 WAL 重做时控制哪些修改需要被实施，而且用户可以通过访问修改记录来监督哪些记录确实被实施了。

2）open 状态：

```
InternalScanner preFlush(final ObserverContext<RegionCoprocessorEnvironment>
c, final Store store,
        final InternalScanner scanner) throws IOException;
    void postFlush(final ObserverContext<RegionCoprocessorEnvironment> c, final
Store store,
        final StoreFile resultFile) throws IOException;
    InternalScanner preCompact(final
ObserverContext<RegionCoprocessorEnvironment> c,
        final Store store, final InternalScanner scanner, final ScanType
scanType,
        CompactionRequest request) throws IOException;
    void postCompact(final ObserverContext<RegionCoprocessorEnvironment> c,
final Store store,
        StoreFile resultFile, CompactionRequest request) throws IOException;
    void preSplit(final ObserverContext<RegionCoprocessorEnvironment> c, byte[]
splitRow)
        throws IOException;
    void preSplit(final ObserverContext<RegionCoprocessorEnvironment> c, byte[]
splitRow)
        throws IOException;
```

当一个 Region 被部署到 Region 服务器中，并可以正常工作时，这个 Region 会被认为处于 open 状态。在上述方法中，pre 方法在事件执行前被调用，post 方法在事件执行后被调用。

3）pending close 状态：

```
void preClose(final ObserverContext<RegionCoprocessorEnvironment> c,
        boolean abortRequested) throws IOException;
void postClose(final ObserverContext<RegionCoprocessorEnvironment> c,
        boolean abortRequested);
```

该状态在 Region 状态从 open 到 close 转变时发生。这些钩子函数可以监听 pending close 状态的一些相关信息，其中 abortRequested 参数包含了 Region 被关闭的原因。

7.5.2　处理客户端 API 事件

与生命周期隐式调用相比，所有的客户端 API 调用都显式地从客户端应用中传输到 Region 服务器中。用户可以在这些调用执行前或刚刚执行后拦截它们，API 被拦截的时机如下：

1）在客户端 Table.get 请求之前和之后调用：

```
void preGet()
void postGet()
```

2）在客户端 Table.put 请求之前和之后调用：

```
void prePut()
void postPut()
```

3）在客户端 Table.delete 请求之前和之后调用：

```
void preDelete()
void postDelete()
```

4）在客户端 Table.checkAndPut 请求之前和之后调用：

```
boolean preCheckAndPut()
boolean postCheckAndPut()
```

5）在客户端 Table.checkAndDelete 请求之前和之后调用：

```
boolean preCheckAndDelete()
boolean postCheckAndDelete()
```

6）在客户端 Table.getClosestRowBefore 请求之前和之后调用：

```
void preGetClosestRowBefore()
void postGetClosestRowBefore()
```

7）在客户端 Table.exists 请求之前和之后调用：

```
boolean preExists()
boolean postExists()
```

8）在客户端 Table.incrementColumnValue 请求之前和之后调用：

```
long preIncrementColumnValue()
long postIncrementColumnValue()
```

9）在客户端 Table. increment 请求之前和之后调用：

```
void preIncrement()
```

```
void postIncrement ()
```

10）在客户端 Table.getScannerOpen 请求之前和之后调用：

```
InternalScanner preScannerOpen()
InternalScanner postScannerOpen ()
```

11）在客户端 ResultScanner.next 请求之前和之后调用：

```
boolean preScannerNext()
void postScannerNext ()
```

12）在客户端 ResultScanner.close 请求之前和之后调用：

```
void preScannerClose()
void postScannerClose ()
```

7.6 自定义 Observer 案例

HBase 定义 Observer 类型的协处理器需要实现 RegionObserver 和 RegionCoprocessor 接口。范例如下：

向一张表插入数据之前通过协处理器将相关数据插入另一张表中代码如下：

```java
import java.io.IOException;
import java.util.Optional;
import org.apache.hadoop.conf.Configuration;
import org.apache.hadoop.hbase.Cell;
import org.apache.hadoop.hbase.CoprocessorEnvironment;
import org.apache.hadoop.hbase.HBaseConfiguration;
import org.apache.hadoop.hbase.TableName;
import org.apache.hadoop.hbase.client.Connection;
import org.apache.hadoop.hbase.client.ConnectionFactory;
import org.apache.hadoop.hbase.client.Durability;
import org.apache.hadoop.hbase.client.Put;
import org.apache.hadoop.hbase.client.Table;
import org.apache.hadoop.hbase.coprocessor.ObserverContext;
import org.apache.hadoop.hbase.coprocessor.RegionCoprocessor;
import org.apache.hadoop.hbase.coprocessor.RegionCoprocessorEnvironment;
import org.apache.hadoop.hbase.coprocessor.RegionObserver;
import org.apache.hadoop.hbase.util.Bytes;
import org.apache.hadoop.hbase.wal.WALEdit;
import org.slf4j.Logger;
import org.slf4j.LoggerFactory;

public class ReverseInfoObserver implements RegionObserver,
RegionCoprocessor{
    private static final Logger logger =
LoggerFactory.getLogger(ReverseInfoObserver.class);
    private static Configuration conf = null;
    private static Connection connection = null;
    private static Table order = null;
    private RegionCoprocessorEnvironment env = null;
```

```
    static{
        conf = HBaseConfiguration.create();
        conf.set("hbase.zookeeper.quorum", "192.168.3.211");
        conf.set("hbase.zookeeper.property.clientPort", "2181");
        try {
            connection = ConnectionFactory.createConnection(conf);
            order = connection.getTable(TableName.valueOf("temp"));
        } catch (IOException e) {
            e.printStackTrace();
        }
    }

    @Override
    public void start(CoprocessorEnvironment e) throws IOException {
        this.env = (RegionCoprocessorEnvironment) e;
    }

    @Override
    public void stop(CoprocessorEnvironment env) throws IOException {
    }

    /**
     * 加入该方法，否则无法生效
     */
    @Override
    public Optional<RegionObserver> getRegionObserver() {
        return Optional.of(this);
    }

    @Override
    public void prePut(ObserverContext<RegionCoprocessorEnvironment> c,Put
put, WALEdit edit, Durability durability) throws IOException {
        try {
            byte[] user = put.getRow();
            Cell cell = put.get(Bytes.toBytes("info"),
Bytes.toBytes("temp")).get(0);
            Put o_put = new
Put(cell.getValueArray(),cell.getValueOffset(),cell.getValueLength());
            o_put.addColumn(Bytes.toBytes("info"), Bytes.toBytes("user"),
user);
            order.put(o_put);
            order.close();
        } catch (IOException e) {
            logger.error(e.getMessage());
            throw e;
        }
    }
}
```

从上述程序代码可知，只要把当前协处理器加载到 HBase 对应的表中，那么在对此表进行 put 操作时，表中的数据也会被存储到 temp 中。

第8章

Phoenix 在 HBase 中的整合应用

本章主要内容：

- Phoenix 简介
- 安装 Phoenix
- Phoenix 快速入门

HBase 默认只支持对 RowKey 的索引，如果要针对其他列进行查询，就只能全表扫描或者使用过滤器进行查询，但是这样的查询效率不高。为了提高效率，可以添加其他方便查询的索引，这样就需要开发二级索引来查询数据，而使用 Phoenix 就可以解决这些问题。本章将主要介绍 Phoenix 如何结合 HBase 来使用。

8.1 Phoenix 简介

Phoenix 是构建在 HBase 上的一个 SQL 层，能够让我们用标准的 JDBC API 而不是 HBase 客户端 API 来创建表、插入数据和对 HBase 数据进行查询。

Phoenix 是完全使用 Java 编写而成的，作为 HBase 内嵌的 JDBC（Java DataBase Connectivity，Java 数据库连接）驱动。Phoenix 查询引擎会将 SQL 查询转换为一个或多个 HBase 扫描，并编排执行以生成标准的 JDBC 结果集。直接使用 HBase API、协同处理器与自定义过滤器，对于简单查询来说，其性能量级为毫秒级的；对于百万行数来说，其性能量级为秒级的。

8.2　安装 Phoenix

8.2.1　下载

用户可以通过 Phoenix 官网下载与 HBase 版本对应的 Phoenix 版本。比如 HBase 2.1 对应的
Phoenix 版本应该是 5.0.0-HBase-2.0，如图 8-1 所示。

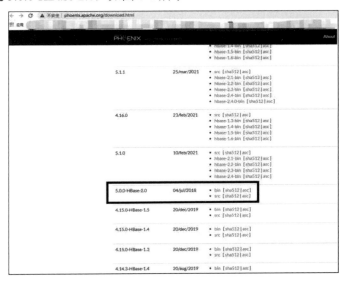

图 8-1　下载 Phoenix

8.2.2　安装

步骤01 通过 xftp 等工具上传已经下载的 Phoenix 安装包，并把安装包上传到 /opt/software/ 目录
中，然后进行解压，执行如下命令：

```
cd /opt/software/
tar -xvzf apache-phoenix-5.0.0-HBase-2.0-bin.tar.gz
```

步骤02 解压程序包之后，把 Phoenix 的所有 jar 包添加到 HBase RegionServer 和 Master 的 lib
目录中，然后将修改后的 hbase-site.xml 文件分发到每个节点中 Phoenix 的 bin 目录中。
hbase-site.xml 修改的内容如下：

```
#将以下配置添加到 hbase-site.xml 中
<!-- 支持 HBase 命名空间映射 -->
<property>
    <name>phoenix.schema.isNamespaceMappingEnabled</name>
    <value>true</value>
</property>
<!-- 支持索引预写日志编码 -->
<property>
  <name>hbase.regionserver.wal.codec</name>
<value>org.apache.hadoop.hbase.regionserver.wal.IndexedWALEditCodec</value>
```

```
</property>
```

步骤 **03** 重启 HBase 就完成了 Phoenix 的安装。

8.3 连接 Phoenix

HBase 连接 Phoenix 的方式有两种，一种是使用 Phoenix 程序包自带的客户端工具进行连接，另一种是使用界面化操作工具 DBeaver 进行连接。

1. 使用 Phoenix 程序包自带的客户端工具连接

用户可以使用 Phoenix 程序包自带的客户端工具进行连接，只需在 Phoenix 文件夹下执行下面的命令，指定 ZooKeeper 的地址作为 HBase 的访问入口：

```
bin/sqlline.py 192.168.3.211:2181
```

2. 使用 DBeaver 连接

为了方便操作，也可以通过 DBeaver 官网（https://dbeaver.io）下载界面化操作工具 DBeaver，如图 8-2 所示。

图 8-2　DBeaver 官网

下载并安装 DBeaver 之后，就可以将 HBase 连接到 Phoenix，步骤如下：

步骤 **01** 单击左上角的加号以添加数据库连接，如图 8-3 所示。

图 8-3　添加数据库连接

步骤 **02** 选择 Phoenix 进行连接，如图 8-4 所示。

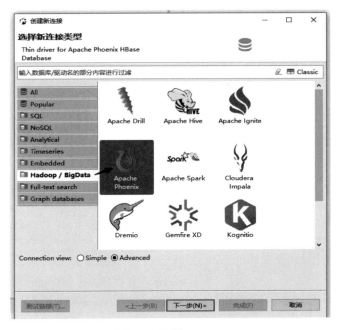

图 8-4　选择 Phoenix

步骤 **03** 输入连接的 IP 地址和端口号，然后单击"完成"按钮即可完成连接，如图 8-5 所示。

图 8-5　配置相关的地址

如果是第一次连接，则会出现如图 8-6 所示的界面。

图 8-6　安装相关驱动程序

当出现此界面时，只需等待安装即可。这是因为第一次连接需要安装相关的驱动程序，在之后的操作过程中，就不会再出现此界面。

完成连接后，如果想要编写 SQL 语句查询表信息，则可以单击如图 8-7 所示的按钮。

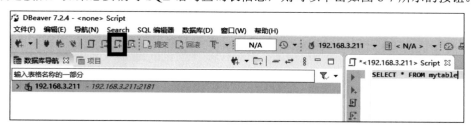

图 8-7　输入 SQL 界面

8.4　Phoenix 快速入门

8.4.1　创建表

在 Phoenix 中，我们可以使用类似于 MySQL DDL 的方式快速创建表。创建表的语法如下：

```
CREATE TABLE 表名称
(
    列名称　类型 PRIMARY KEY,
    列名称　类型
)
```

范例一：创建一个名为 user 的表，其中 cf1 列族中有 name 和 age 两个字段

错误范例：

```
create table if not exists user(
    CF1.NAMEvarchar,
    CF1.AGE integer,
);
```

当我们执行上述语句创建表时，会提示下面的错误信息：

```
Error: ERROR 509 (42888): The table does not have a primary key.
tableName=ORDER_DTL (state=42888,code=509)
    java.sql.SQLException: ERROR 509 (42888): The table does not have a primary
key. tableName=ORDER_DTL
            at org.apache.phoenix.exception.SQLExceptionCode$Factory$1.
newException(SQLExceptionCode.java:494)
            at org.apache.phoenix.exception.SQLExceptionInfo.buildException
(SQLExceptionInfo.java:150)
            at org.apache.phoenix.schema.MetaDataClient.createTableInternal
(MetaDataClient.java:2440)
            at org.apache.phoenix.schema.MetaDataClient.createTable
(MetaDataClient.java:1114)
            at org.apache.phoenix.compile.CreateTableCompiler$1.execute
(CreateTableCompiler.java:192)
            at org.apache.phoenix.jdbc.PhoenixStatement$2.call
(PhoenixStatement.java:408)
            at org.apache.phoenix.jdbc.PhoenixStatement$2.call(PhoenixStatement.
java:391)
            at org.apache.phoenix.call.CallRunner.run(CallRunner.java:53)
            at org.apache.phoenix.jdbc.PhoenixStatement.executeMutation
(PhoenixStatement.java:390)
            at org.apache.phoenix.jdbc.PhoenixStatement.executeMutation
(PhoenixStatement.java:378)
            at org.apache.phoenix.jdbc.PhoenixStatement.execute(PhoenixStatement.
java:1825)
            at sqlline.Commands.execute(Commands.java:822)
            at sqlline.Commands.sql(Commands.java:732)
            at sqlline.SqlLine.dispatch(SqlLine.java:813)
            at sqlline.SqlLine.begin(SqlLine.java:686)
            at sqlline.SqlLine.start(SqlLine.java:398)
            at sqlline.SqlLine.main(SqlLine.java:291)
```

出现这样的错误信息是因为表没有主键，HBase 数据存储必须要有 RowKey，因此创建表时必须要指定主键。

正确范例：

```
create table if not exists user(
    ID primary key,
    CF1.NAME varchar,
    CF1.AGE integer
);
```

提　示

在 HBase 中，如果列族、列名没有添加双引号，则 Phoenix 会自动转换为大写。

范例二：创建一个名为 user 的表，其中 cf1 列簇中有 name 和 age 两个字段，cf2 列簇中有 name1 和 age1 字段

```
create table if not exists user(
    ID primary key,
    CF1.NAME varchar,
    CF1.AGE integer,
    CF2.NAME1 varchar,
    CF2.AGE1 integer,
);
```

8.4.2　删除表

想要通过 Phoenix 来删除表，其操作语法如下：

```
drop table if exists 表名称;
```

范例：删除 user 表

```
drop table if exists user;
```

8.4.3　插入数据

在 Phoenix 中，插入并不是使用 insert 来实现的，而是使用 upsert 命令，它的功能为 insert + update，与 HBase 中的 put 相对应。如果表中不存在该数据则插入，否则进行更新。列表是可以省略的，如果列表不存在，则插入的值将按模式中声明的顺序映射到列。这些插入的值必须计算为常量。

范例：在表 user 插入下表中的一条数据

ID	姓名（name）	年龄（age）
rowkwy1	clay	19

执行如下命令：

```
UPSERT INTO user VALUES('rowkwy1', 'clay',19 );
```

8.4.4　分页查询

使用 Phoenix 对 HBase 进行分页查询时，可以使用 limit 和 offset 快速进行分页。limit 表示每页多少条记录，offset 表示从第几条记录开始查起。

范例一：每页查询 10 条数据，获取第 1 页数据

```
select * from user  limit 10 offset 0;
```

范例二：每页查询 10 条数据，获取第 2 页数据

```
select * from ORDER_DTL limit 10 offset 10;
```

范例三：每页查询 10 条数据，获取第 3 页数据

```
select * from ORDER_DTL limit 10 offset 20;
```

第 9 章

HBase 架构原理解析

本章主要内容：

- HBase 架构原理
- HBase 写流程
- HBase 读流程
- HBase 如何进行增删改查
- 数据刷写
- 数据合并
- 数据拆分

本章主要介绍 HBase 底层架构以及 HBase 的读写流程，并且对于 HBase 中的数据合并和数据拆分进行详细的说明。

9.1　HBase 架构原理

如图 9-1 所示，HBase 对表进行增删改查操作主要是位于 RegionServer 上，HBase 的高效和 RegionServer 有着密不可分的联系。

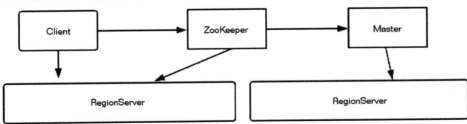

图 9-1　HBase 基本架构

9.1.1 RegionServer 流程解析

下面对 RegionServer 流程（见图 9-2）进行解析。

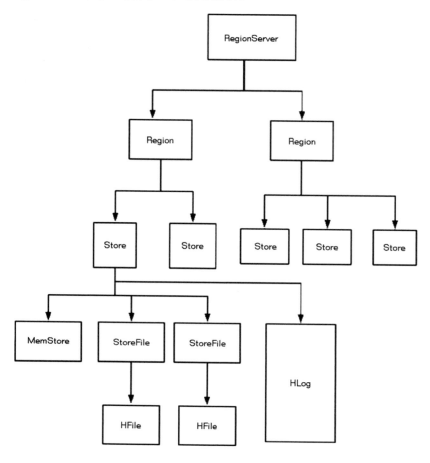

图 9-2　RegionServer 数据存储细节

图中：

- **Region:** RegionServer 主要维护 Master 分配给它的 Region，处理对 Region 的 I/O 请求。客户端进行的增删改查操作主要是操作 Region，表在行的方向上被分割为多个 Region。每个表在创建时只有一个 Region，随着数据的不断插入，Region 也不断增大，当 Region 的某个列族达到阈值时就会被分成两个新的 Region，并且每个 Region 都是由表名称、起始的 RowKey 和创建时间组成的。

- **Store:** 每个 Region 由一个或多个 Store 组成，HBase 会把一起访问的数据放在一个 Store 中，即为每个列族创建一个 Store，有几个列族也就有几个 Store。一个 Store 由一个 MemStore 和零至多个 StoreFile 组成。HBase 以 Store 的大小来判断是否需要拆分 Region。

- **MemStore:** MemStore 是放在内存中的，保存修改的数据（即 KeyValue）。当 MemStore 的大小达到阈值（默认为 128MB）时，MemStore 会被刷写（flush）到文件中，即生成一个快照。目前 HBase 有一个线程来负责 MemStore 的刷写操作。

- StoreFile：MemStore 内存中的数据写到文件后就是 StoreFile。当 StoreFile 文件的数量增长到一定阈值后，系统就会进行合并，在合并过程中会执行版本合并与删除操作，形成更大的 StoreFile。StoreFile 是保存实际数据的物理文件，以 HFile 的形式存储在 HDFS 上。每个 Store 会有一个或多个 StoreFile（HFile），并且数据在每个 StoreFile 中都是有序的。
- HFile：HFile 是 Hadoop 的二进制格式文件，实际上 StoreFile 就是对 HFile 做了轻量级包装，即 StoreFile 底层就是 HFile。
- HLog：HLog 也被称为 WAL log，用于灾难恢复。HLog 记录数据的所有变更，一旦 RegionServer 宕机，就可以从 HLog 中进行恢复。HLog 文件就是一个普通的 Hadoop 顺序文件，其中记录了写入数据的归属信息，除了 Table 和 Region 名字外，同时还包括 sequence number（序列号）和 timestamp。timestamp 是写入时间，sequence number 的起始值为 0，或者最近一次存入文件系统中的 sequence number。顺序文件的 value 是 HBase 的 KeyValue 对象，即对应 HFile 中的 KeyValue。

预写日志（Write-Ahead Log，WAL）是为解决宕机之后的恢复操作设计的。数据到达 Region 的时候先写入 WAL，然后被加载到 MemStore。这样即使 Region 的服务器宕掉了，由于 WAL 的数据是存储在 HDFS 上的，所以数据也不会丢失。这也就是 HBase 能高效地读写并且数据不会丢失的重要原因。

9.1.2　StoreFile 和 HFile 结构

StoreFile 以 HFile 格式保存在 HDFS 上，HFile 分为下面六个部分。

- Data Block：保存表中的数据，该部分可以被压缩。
- Meta Block：保存用户自定义的键值对，可以被压缩。
- File Info：HFile 的元信息，不可以被压缩，用户也可以在这一部分添加自己的元信息。
- Data Block Index：Data Block 的索引。每条索引的 key 是被索引块的第一条记录的 key。
- Meta Block Index：Meta Block 的索引。
- Trailer：这一段是定长的。Trailer 保存了每个段的起始位置。读取一个 HFile 时，会首先读取 Trailer，然后 Data Block Index 会被读取到内存中，这样，当检索某个 key 时，不需要扫描整个 HFile，而只需从内存中找到 key 所在的块，通过一次磁盘 I/O 将整个 Block 读取到内存中，再找到需要的 key，并且 Data Block Index 采用 LRU 淘汰策略。

9.1.3　MemStore 和 StoreFile

一个 Region 由多个 Store 组成，每个 Store 包含一个列族的所有数据。Store 由位于内存的一个 MemStore 和位于硬盘的多个 StoreFile 组成。写操作先写入 MemStore，当 MemStore 中的数据量达到某个阈值后，RegionServer 启动 flushcache 进程将 MemStore 写入 StoreFile，每次写入都单独形成一个 HFile。当总的 StoreFile 大小超过一定阈值后，会把当前的 Region 分割成两个，并由 Master 分配给相应的 RegionServer 服务器，以此来实现负载均衡。客户端检索数据时，先在 MemStore 中查找，若找不到则再在 StoreFile 中查找。这样不管是读还是写都很大程度地提高了请求效率。

9.2 HBase 写流程

HBase 的写流程如图 9-3 所示。

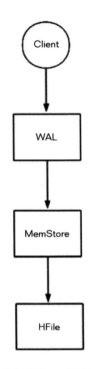

图 9-3　HBase 写流程图

数据从客户端发出之后，第一时间被写入 WAL。由于 WAL 是基于 HDFS 来实现的，因此也可以说此时的存储单元已经被持久化了，但是它只是一个日志，并不区分 Store，所以不能直接使用。接下来数据被放入 MemStore 中进行整理，也就是对数据进行排序。最后，当 MemStore 的大小达到数据刷写的阈值后，HBase 会把这个内容刷写到 HDFS 中，也就是 HFile 中。这样数据才算真正地被持久化，此时就算服务宕机，写入的数据也不会丢失。以下是更加细致的写入流程：

1）客户端先访问 ZooKeeper，获取 hbase:meta 表位于 RegionServer 的地址信息。

2）访问对应的 RegionServer，获取 hbase:meta 表信息，根据读请求的 "namespace:table/rowkey" 信息，查询出目标数据位于哪个 RegionServer 的哪个 Region 中，并将该表的 Region 信息以及 hbase:meta 表的位置信息缓存在客户端。

3）与目标 RegionServer 进行通信。

4）将数据顺序写入（追加）WAL。

5）将数据写入对应的 MemStore，数据会在 MemStore 中进行排序。

6）向客户端发送 ack（确认）。

7）等达到 MemStore 的刷写时机后，将数据刷写到 HFile。

下面是关于 MemStore 刷写的一些配置参数：

- hbase.hregion.memstore.flush.size：默认值为 128MB。

  当某个 MemStore 的大小达到了 hbase.hregion.memstore.flush.size 的参数值时，其所在 Region 的所有 MemStore 都会刷写。

- hbase.hregion.memstore.block.multiplier：默认值为 4。

  当 MemStore 的大小达到了 hbase.hregion.memstore.flush.size × hbase.hregion.memstore. block.multiplier，也就是 128ck.multi 时，会阻止继续向该 MemStore 写数据。

- hbase.regionserver.optionalcacheflushinterval：默认值为 1 小时。

  自动刷新的时间间隔由 hbase.regionserver.optionalcacheflushinterval 属性进行配置。达到 自动刷写的时间时，将触发 MemStore 写数据。

- hbase.regionserver.max.logs：默认值为 32。

  当 WAL 文件的数量超过 hbase.regionserver.max.logs 时，Region 会按照时间顺序依次进 行刷写，直到 WAL 文件的数量减小到 hbase.regionserver.max.logs 以下。

9.3　HBase 读流程

HBase 读流程如图 9-4 所示。

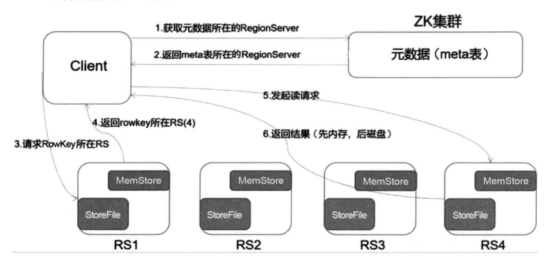

图 9-4　HBase 读流程图

读流程的详细说明如下：

1）客户端先访问 ZooKeeper，获取 hbase:meta 所在的 RegionServer。

2）访问对应的 RegionServer，获取 hbase:meta 表，根据读请求的"namespace:table/rowkey" 信息，查询出目标数据位于哪个 RegionServer 的哪个 Region 中，并将该表的 Region 信息以及 hbase:meta 表的位置信息缓存在客户端。

3）与目标 RegionServer 进行通信。

4）分别在 Block Cache（读缓存）、MemStore 和 StoreFile（HFile）中查询目标数据，并将查

到的所有数据进行合并，此处所有数据是指同一条数据的不同版本（timestamp）或者不同类型（Put/Delete）。

5）将从文件中查询到的数据块（Block，HFile 数据存储单元，默认大小为 64KB）缓存到 Block Cache。

6）将合并后的最终结果返回给客户端。

9.4 HBase 如何进行增删改查

HBase 是一个可以随机读写的数据库，但是它所基于的持久化层 HDFS 是一个只能新增或者删除、不能修改的系统，所以 HBase 几乎总是在执行新增操作。HBase 进行增删改查操作的具体说明如下：

1）当新增一个存储单元时，HBase 在 HDFS 上新增一条数据。

2）当修改一个存储单元时，HBase 在 HDFS 上还是新增一条数据，只是版本号比原存储单元的版本号要大。每次查询数据的时候默认获取的是最大版本号的数据，所以不会有数据冲突问题。

3）当删除一个存储单元时，HBase 还是新增一条数据，只是这条数据没有 Value，并标记为 DELETE。这样在查询数据时，过滤掉标记是 DELETE 的数据即可，也不会有数据冲突问题。

以上这些操作都是进行了数据增加，这样就积累了很多增删改查的操作，数据的连续性和顺序性必然会被破坏。为了提升性能，HBase 每间隔一段时间都会进行一次合并（Compaction），合并的对象为 HFile 文件。合并分为两种，分别为 Minor Compaction 和 Major Compaction。在合并的过程中会把标记为 DELETE 的数据真正地从硬盘中删除掉。

9.5 数据刷写

在 HBase 中，数据刷写（MemStore Flush）是一个非常重要的操作，本节主要介绍在 HBase 中的数据刷写时机以及刷写相关的整个流程。

9.5.1 刷写操作的触发时机

以下是刷写操作的触发时机。

1）Region 中所有 MemStore 占用的内存超过下面任何一个阈值都会触发刷写操作：

- hbase.hregion.memstore.flush.size 参数控制（默认值为 128MB）。
- 如果数据增加得很快，达到了 hbase.hregion.memstore.flush.size × hbase.hregion.memstore.block.multiplier（默认值为 4）的大小，也就是 128 × 4=512MB，除了触发 MemStore 刷写之外，HBase 还会在刷写的同时阻塞所有写入该 MemStore 的请求。

2）整个 RegionServer 的 MemStore 占用内存的总和大于相关阈值：

- HBase 为 RegionServer 的所有 MemStore 分配了一定的写缓存，大小等于 hbase_heapsize（RegionServer 占用的堆内存大小）× hbase.regionserver.global.memstore.size（默认值为 0.4）。
- 如果整个 RegionServer 的 MemStore 占用内存的总和大于 hbase.regionserver.global.memstore.size.lower.limit（默认值为 0.95）× hbase.regionserver.global.memstore.size（默认值为 0.4）× hbase-heapsize（表示 HBase 堆内存大小，默认值为 1GB），将会触发 MemStore 的刷写操作。例如：HBase 堆内存总共是 32GB，MemStore 占用内存为 32 × 0.4 × 0.95=12.16GB 时将触发刷写操作。

3）WAL 数量大于相关阈值。数据到达 Region 时，先写入 WAL，再被写入 MemStore。如果 WAL 的数量越来越多，就意味着 MemStore 中未持久化到磁盘的数据越来越多，当 RegionServer 挂掉时，恢复时间将会变得很长，所以有必要在 WAL 达到一定的数量时进行一次刷写操作。WAL 的最大数量是 32 个。

4）定期自动刷写 hbase.regionserver.optionalcacheflushinterval 的默认值为 3600000 秒（即 1 小时），它是 HBase 定期刷写所有 MemStore 的时间间隔，当达到时间间隔后会自动触发刷写操作。

5）数据更新超过一定阈值。如果 HBase 的某个 Region 更新很频繁，而且既没有达到自动刷写阈值的程度，也没有达到内存的使用限制，但是内存中的更新数量已经足够多，比如超过 hbase.regionserver.flush.per.changes 参数配置（默认值为 30000000），那么也会触发刷写操作。

6）手动触发。在 HBase 中可以通过如下命令实现刷写操作：

```
flush 'TABLENAME'
flush 'REGIONNAME'
flush 'ENCODED_REGIONNAME'
flush 'REGION_SERVER_NAME'
```

9.5.2　刷写流程

刷写操作主要分为两个阶段：一个是 prepareFlush 阶段，另一个是 flushCache 阶段。下面分别对这两个阶段进行说明。

（1）prepareFlush 阶段

刷写的第一步是对 MemStore 做快照处理，以防止刷写过程中更新的数据同时在快照和 MemStore 中而造成后续处理困难，所以在刷写期间需要持有更新锁，阻塞客户端的写操作。HBase 仅在创建快照期间持有更新锁，而且快照的创建非常快，所以此期间对客户的影响一般非常小。

（2）flushCache 阶段

如果创建快照没问题，那么返回的结果将为 null。这时就可以进行下一步 internalFlushCacheAndCommit 操作。其中，internalFlushCacheAndCommit 操作中包含两个步骤：flushCache 和 commit。flushCache 阶段就是将 prepareFlush 阶段创建好的快照写到临时文件中，临时文件存放在对应 Region 文件夹下面的.tmp 目录中。commit 阶段将 flushCache 阶段产生的临时文件移到对应的列族目录下面，并做一些清理工作，比如删除第一步生成的快照。

9.6　数据合并

HBase 根据合并规模将 Compaction 分为两类：Minor Compaction 和 Major Compaction。以下是这两类合并的说明。

- Minor Compaction：是指选取一些小的、相邻的 StoreFile，将它们合并成一个更大的 StoreFile，在这个过程中不会处理已经删除或过期的存储单元，但是会处理超过 TTL（Time To Live，该字段指定 IP 包被路由器丢弃之前允许通过的最大网段数量）的数据。一次 Minor Compaction 的结果是让小的 StoreFile 数量变得更少而产生更大的 StoreFile。
- Major Compaction：是指将所有的 StoreFile 合并成一个 StoreFile，并清理三类无意义的数据，即删除的数据、TTL 过期的数据、版本号超过设定版本号的数据。一般情况下，Major Compaction 时间会持续比较长，整个过程会消耗大量系统资源，对上层业务有比较大的影响。因此，线上业务都会关闭自动触发 Major Compaction 功能，改为在业务低峰期手动触发。

触发数据合并的方式有三种，分别为 MemStore 刷盘、后台线程周期性检查和手动触发。

1. MemStore 刷盘

MemStore 刷盘会产生 HFile 文件，随着文件越来越多需要执行数据合并。每次执行完刷写操作之后，都会对当前 Store 中的文件数进行判断，一旦文件数大于配置，就会触发数据合并操作。合并操作是以 Store 为单位进行的，而在刷写触发条件下，整个 Region 的所有 Store 都会执行数据合并操作。表 9-1 所示就是刷盘相关配置项的说明。

表9-1　刷盘相关配置项

参 数 名	配 置 项	默 认 值
minFilesToCompact	hbase.hstore.compactionThreshold	3
maxFilesToCompact	hbase.hstore.compacion.max	10
minCompactSize	hbase.hstore.compaction.min.size	128MB（即 MemStoreFlushSize）
maxCompactSize	hbase.hstore.compaction.max.size	Long.MAX_VALUE

2. 后台线程周期性检查

后台线程定期触发检查，以确定是否需要执行 Compaction，检查周期如下：

```
hbase.server.thread.wakefrequency 配置项（默认值为 10000 毫秒）
*hbase.server.compactchecker.interval.multiplier 配置项（默认值为 1000）
```

检查周期大概是 2 时 46 分 40 秒执行一次。线程先检查文件数是否大于配置，一旦大于就会触发数据合并操作。

3. 手动触发

手动触发 Compaction 通常是为了执行 Major Compaction，一般在下面这些情况下需要手动触发合并：

- 担心自动执行 Major Compaction 影响读写性能，因此选择低峰期手动触发。
- 用户在执行完修改操作之后希望立刻生效，因此手动触发执行 Major Compaction。
- HBase 管理员发现硬盘容量不够的情况下手动触发执行 Major Compaction，以删除大量过期数据。

9.7　数据拆分

1. 数据拆分原理

需要数据拆分的几个重要原因如下：

1）同一个 RegionServer 上的数据文件越来越大，读请求也越来越多。一旦所有的请求都落在同一个 RegionServer 上，尤其是有很多热点数据的时候，必然会导致很严重的性能问题。

2）数据合并本质上是一个排序合并的操作，合并操作需要占用大量内存，因此文件越大，占用内存越多。数据合并有可能需要把远程数据迁移到本地进行处理，如果需要迁移的数据量很大，则带宽资源就会损耗严重。

3）HBase 的数据写入量十分惊人，每天都可能有上亿条的数据写入。不进行拆分的话，一个热点 Region 的新增数据量就可能有几十吉字节，那么用不了多长时间大量读请求就会把单个 RegionServer 的资源耗光。

通过拆分，一个 Region 变为两个近似大小的子 Region，再通过均衡机制均衡到不同 RegionServer 上，使系统资源使用更加均衡。

2. 数据拆分的时机

默认情况下，每个 Table 起初只有一个 Region，随着数据的不断写入，当 1 个 Region 中的某个 Store 下所有 StoreFile 的总大小超过 hbase.hregion.max.filesize 配置项时，该 Region 就会进行拆分。刚拆分时，两个子 Region 都位于当前的 RegionServer 上，但出于负载均衡的考虑，Master 有可能会将某个 Region 转移给其他的 RegionServer。

3. 数据拆分的流程

数据拆分流程主要包括两个部分：第一部分是寻找拆分点，第二部分是开启拆分事务。

（1）寻找拆分点

要将一个 Region 拆分为两个近似大小的子 Region，首先要确定拆分点。拆分操作是基于 Region 执行的，每个 Region 有多个 Store。系统会首先遍历所有的 Store，找到其中最大的一个，再在这个 Store 中找出最大的 HFile，然后定位这个文件中心位置对应的 RowKey 作为 Store 的拆分点。

（2）开启拆分事务

拆分线程会初始化一个 SplitTransaction 对象。拆分流程是一个类似于事务的过程，整个过程分为 prepare（准备）、execute（执行）、rollback（回滚）三个阶段。

- prepare 阶段: 在内存中初始化两个子 Region,生成两个 HRegionInfo 对象,包含 tableName、regionName、startkey、endkey 等信息,同时生成一个 transaction journal 对象,这个对象用来记录拆分的进展。
- execute 阶段: RegionServer 把 ZooKeeper 节点和 region-in-transition 中该 Region 的状态更改为 SPLITING,然后关闭此 Region 的数据写入操作并且触发刷写操作,将写入 Region 的数据全部持久化到磁盘,然后形成两个新的 Region 并指向之前 Region 的对应文件,再修改 hbase.meta 表,最后正式对外提供服务。
- rollback 阶段: 如果 execute 阶段出现异常,则执行 rollback 操作会将数据恢复到拆分前。

第10章

HBase 性能优化

本章主要内容：

- 表设计优化
- HBase 提升写效率
- MemStore 调优
- 合并调优
- WAL 调优
- HBase 读取优化

一个系统上线之后，开发和调优将一直贯穿系统的整个生命周期，HBase 也不例外。本章分别从表设计、RowKey 设计、内存、读写、配置等各个方面对 HBase 常用的调优方式进行介绍。

10.1 表设计优化

10.1.1 预分区

默认情况下，在创建 HBase 表时会自动创建一个 Region 分区，当导入数据时，所有的 HBase 客户端都向这个 Region 写入数据，直到这个 Region 足够大了才进行拆分。一种可以加快批量写入速度的方法是预先创建一些空的 Region，这样当数据写入 HBase 时，会按照 Region 分区情况在集群内做数据的负载均衡。Region 预分区的优点如下：

1）在表数据量不断增长的情况下，Region 在自动分裂期间会有很短暂的时间不能提供读写服务，Region 预分区可以尽量减少或避免在线系统的 Region 自动分裂。

2）提高数据写入性能。如果采用 Bulk Load 方式进行数据导入，Reduce 的个数等于用户表的 Region 个数，Reduce 的个数极大地影响着 Bulk Load 的性能。如果采用 Java 接口进行实时数据的写入，Region 分布在多个物理节点上也可以提高写入性能。

3）提高数据读取性能。每个 Region 的数据是一个 RowKey 的范围，该范围内的数据读取必然经过该 Region，因此数据预分成多个 Region 之后，在读取请求时可以由多台机器节点来分担，从而提高读取性能。

4）使得数据尽可能地均匀分布在各个 Region 中，从而使读写请求能够比较均匀地分布在各个物理节点上。

范例如下：

在一个创建表的过程中，提前进行了预分区。完整代码如下：

```java
import org.apache.hadoop.conf.Configuration;
import org.apache.hadoop.hbase.HBaseConfiguration;
import org.apache.hadoop.hbase.TableName;
import org.apache.hadoop.hbase.client.*;
import org.apache.hadoop.hbase.util.Bytes;

import java.io.IOException;
import java.util.ArrayList;
import java.util.List;

public class Chapter7 {

    public static void createTableRegion() throws IOException {
        //获取 HBase 配置对象
        Configuration conf = HBaseConfiguration.create();
        //设置 HBase 的相关配置
        conf.set("hbase.zookeeper.quorum","192.168.3.211");
        //创建连接对象
        Connection connect = ConnectionFactory.createConnection(conf);
        //获取 Admin 对象
        Admin admin = connect.getAdmin();
        //创建表描述器
        TableDescriptorBuilder tableDescriptorBuilder =
TableDescriptorBuilder.newBuilder(TableName.valueOf("student"));
        boolean isok= admin.tableExists(TableName.valueOf("tablename"));
        if(!isok)
        {
            //创建列族描述器的集合
            List<ColumnFamilyDescriptor> columnFamilyDescriptorList = new
ArrayList<ColumnFamilyDescriptor>();
            //创建 info1 列族描述器并把此对象添加到列族描述器的集合中
            ColumnFamilyDescriptorBuilder info1 =
ColumnFamilyDescriptorBuilder.newBuilder(Bytes.toBytes("info1"));
            ColumnFamilyDescriptor ifno1FamilyDescriptor = info1.build();
            columnFamilyDescriptorList.add(ifno1FamilyDescriptor);
            //创建 info2 列族描述器并把此对象添加到列族描述器的集合中
            ColumnFamilyDescriptorBuilder info2 =
ColumnFamilyDescriptorBuilder.newBuilder(Bytes.toBytes("info2"));
            ColumnFamilyDescriptor ifno2FamilyDescriptor = info2.build();
            columnFamilyDescriptorList.add(ifno2FamilyDescriptor);
            //设置列族

tableDescriptorBuilder.setColumnFamilies(columnFamilyDescriptorList);
            //获取表描述器对象
```

```
        TableDescriptor tableDescriptor = tableDescriptorBuilder.build();
        byte[][] splits={
                Bytes.toBytes("110"),
                Bytes.toBytes("120"),
                Bytes.toBytes("130")
        };
        //调用 API 创建表
        admin.createTable((tableDescriptor),splits);
    }
    else{
        System.out.println("已经存在此表");
    }
  }
}
```

以上程序代码的作用是根据 RowKey 的前三个字符进行分区，把前缀是 110、120 和 130 的 RowKey 存储在不同的分区中。

10.1.2　RowKey 设计优化

一条数据的唯一标识就是 RowKey，这条数据存储于哪个分区，取决于 RowKey 处于哪个预分区的区间内。设计 RowKey 的主要目的就是让数据均匀地分布于所有的 Region 中，在一定程度上防止数据倾斜，所以对于 RowKey 的设计是非常重要的。HBase 提出了 RowKey 设计的 4 点原则：长度原则、唯一原则、排序原则、散列原则。

1. 长度原则

RowKey 本质上是一个二进制码流，可以是任意字符串，最大长度为 64KB，实际应用中一般为 10~100 字节，以 byte[]数组形式保存，一般设计成定长。官方建议越短越好，最好不要超过 16 字节。

2. 唯一原则

由于 RowKey 用来唯一标识一行记录，因此必须在设计上保证 RowKey 的唯一性。

> **提　示**
>
> 由于 HBase 中数据存储的格式是 Key-Value 格式，因此如果向 HBase 中同一张表中插入相同的 RowKey 数据，则原先存在的数据会被新的数据覆盖。

3. 排序原则

HBase 会把 RowKey 按照 ASCII（American Standard Code for Information Interchange，美国标准信息交换代码）进行排序，所以反过来在设计 RowKey 时可以根据这个特点来设计完美的 RowKey。

4. 散列原则

设计出的 RowKey 需要能够均匀地分布到各个 RegionServer 上。比如在设计 RowKey 时，当 Rowkey 是按时间戳的方式递增，就不要将时间放在二进制码的前面，可以在 Rowkey 的高位放散列字段，由程序循环生成，在低位放时间字段，这样就可以提高数据均衡地分布在每个 RegionServer

上实现负载均衡的概率。对于散列原则，总结了以下三种设计规则：

（1）反转

反转就是把固定长度或者数字格式的 RowKey 进行反转，反转分为一般数据反转和时间戳反转。

如果初步设计出的 RowKey 在数据分布上不均匀，但 RowKey 尾部的数据却呈现出了良好的随机性（随机性强代表经常改变，没特殊含义，且分布较好），可以考虑将 RowKey 的信息反转，或者直接将尾部的 bytes 提前到 RowKey 的开头。反转可以有效地使 RowKey 随机分布，但是反转后有序性就得不到保障了，因此反转牺牲了 RowKey 的有序性。

（2）加盐

RowKey 的加盐原理是在原 RowKey 的前面添加固定长度的随机数，也就是给 RowKey 分配一个随机前缀使它和之前的 RowKey 的开头不同。如果设计出的 RowKey 虽有意义但是数据类似，随机性比较低，反转也无法保证随机性，这样就无法根据 RowKey 分配到不同的 Region 中，这时就可以使用加盐的方式。

需要注意的是，随机数要能保障数据在所有 Region 间的负载均衡，也就是说分配的随机前缀的种类数量应该与想把数据分散的 Region 的数量一致。只有这样，加盐之后的 RowKey 才会根据随机生成的前缀分散到各个 Region 中，避免了热点现象（在实际操作中，当大量请求访问 HBase 集群的一个或少数几个节点时，造成少数 RegionServer 的读写请求过多，负载过大，而其他 RegionServer 负载却很小）。

（3）哈希

哈希是基于 RowKey 的完整或部分数据进行哈希计算，而后将哈希值完整替换或部分替换为原 RowKey 的前缀部分。这里说的哈希算法常用的有：MD5、sha1、sha256 或 sha512 等。

哈希和加盐的适用场景类似，但是由于加盐方法的前缀是随机数，用原 RowKey 查询时不方便，因此出现了哈希方法，由于哈希是使用各种常见的算法来计算出的前缀，因此哈希既可以使数据较为平均地分散到整个集群实现负载均衡，又可以轻松读取数据。

10.1.3　列族数量优化

HBase 官方建议不要在一张表里定义太多的列族。目前 HBase 并不能很好地处理超过 2~3 个列族的表。因为某个列族在执行刷写操作时，它邻近的列族也会因关联效应被触发刷新，最终导致系统产生更多的 I/O。通常建议一张表里使用一个列族。

10.1.4　版本优化

创建表时通过 HColumnDescriptor 为每个列族配置要存储的最大行版本数，最大行版本数默认值为 1。这是一个重要的参数，因为在描述数据模型部分的 HBase 不覆盖行的值，而是通过时间限定来存储每行不同的值。不建议将最大行版本数设置为非常高的级别（例如，数百或更多），除非这些旧值对业务来说非常重要，因为版本级别过高会大大增加 StoreFile 的大小。

10.2　HBase 提升写效率

在 HBase 中如果同时存在读和写的操作，这两种操作的性能会互相影响。如果写入导致的 Flush 和 Compaction 操作频繁发生，会占用大量的磁盘 I/O 操作，从而影响读取的性能。如果写入导致阻塞较多的 Compaction 操作，就会出现 Region 中存在多个 HFile 的情况，也会影响读取的性能。因此，如果读取的性能不理想，就要考虑写入的配置是否合理。提升写效率主要有下面两个注意点：

（1）设置 autoflush

autoflush 的值为 false 时表示，当客户端提交 delete 或 put 请求时，将该请求在客户端缓存，直到数据超过 2MB 或用户执行了 hbase.flushcommits() 时才向 RegionServer 提交请求。因此，即使 htable.put() 执行返回成功，也并非说明请求真的成功了，假如还没有达到该缓存阈值而客户端崩溃，那么该部分数据将由于未发送到 RegionServer 而丢失。这对于零容忍的在线服务是不可接受的，但是这种写入策略的性能非常高。当 autoflush 的值为 true 时，每次请求都会发往 RegionServer，而 RegionServer 接收到请求后第一件事就是写 HLog，因此对 I/O 的要求很高，为了提高 HBase 的写入速度，应该尽量提高 I/O 吞吐量。如果不是在线应用，建议把此选项设置为 false。此配置的相关操作如下：

● 通过调用 HTable.setAutoFlush(false) 方法可以将 HTable 写客户端的自动刷写关闭。
● 通过调用 HTable.setWriteBufferSize(writeBufferSize) 方法可以设置 HTable 客户端的写缓冲区大小。

（2）批量写

对于一个指定的 RowKey 记录，可以通过调用 Table.put(Put) 方法写入 HBase，同样 HBase 提供了对于将指定的 RowKey 列表，可以通过调用 Table.put(List) 方法来批量写入，批量写入的好处是批量执行，只需要一次网络 I/O 开销，这对于对数据实时性要求高、网络传输 RTT（Round-Trip Time，往返时间）高的情景下可以带来明显的性能提升。

10.3　MemStore 调优

当 RegionServer 收到一个写请求时，会将这个请求定位到某个特定的 Region。每个 Region 存储了一系列的行，每个行对应的数据分散在一个或多个列族中。特定列族的数据都存储在对应的 Store 中，而每个 Store 都由一个 MemStore 与数个 StoreFile 组成。MemStore 存储在 RegionServer 的内存中，而 StoreFile 存储在 HDFS 上。当一个写请求到达 RegionServer 时，该请求对应的数据首先会被 MemStore 存储，直到达到一定的临界条件，MemStore 中的数据才会刷写到 StoreFile。

使用 MemStore 的主要原因是为了使存储在 HDFS 上的数据有序。HDFS 是顺序读写的，已有的文件不能被修改。然而，HBase 收到的写请求是无序的，所以如果直接将这些数据写到 HDFS 上，以后再对文件中的内容进行排序就是一件极其困难的事情。另外，无序的数据存储方式，又会大大影响后续的读请求性能。为了解决这种问题，HBase 会将最近的某些写请求放到内存中（也就是 MemStore），并在把这些数据刷写到 StoreFile 中之前排好序。

除了解决排序的问题，MemStore 还有其他好处，比如，它能充当缓存的角色，缓存最近写入的数据。新数据的访问频率和概率一般比旧数据高很多，这就大大地提高了客户端的读效率。注意，每个 MemStore 在每次刷新时，都会给每个列族生成一个 StoreFile。当读取数据时，HBase 会检查数据是否在 MemStore 中，否则就去 StoreFile 读取，然后返回给客户端。

根据笔者多年的工作经验，对于 MemStore 刷写的优化，总结出以下三点。

（1）hbase.hregion.memstore.flush.size 配置项（默认值为 128MB）

在 RegionServer 中，当写操作在内存中存储超过 hbase.hregion.memstore.flush.size 参数大小的 MemStore 时，则 MemStoreFlusher 就启动刷写操作将该 MemStore 以 HFile 的形式写入对应的 StoreFile 中。对于此参数的配置经验如下：

● 如果 RegionServer 的内存充足，而且活跃的 Region 数量也不是很多，可以适当增大该值，这样可以减少合并操作的次数，有助于提升系统性能。

● 这种刷写产生时，并不是紧急的刷写，该操作可能会有一定延迟，在延迟期间，写操作还可以进行，MemStore 还会继续增大，MemStore 的最大值是 memstore.flush.size × hbase.hregion.memstore.block.multiplier。当超过最大值时，将会阻塞写操作。适当增大 hbase.hregion.memstore.block.multiplier 可以减少阻塞，从而减少性能波动。

（2）hbase.regionserver.global.memstore.size 配置项（默认值为 0.4）

在 RegionServer 中，负责刷写操作的是 MemStoreFlusher 线程。该线程定期检查写操作内存，当写操作占用内存总量达到阈值时，MemStoreFlusher 将启动刷写操作，按照从大到小的顺序，刷写相对较大的 MemStore，直到所占用内存小于阈值（阈值 = hbase.regionserver.global.memstore.size ×hbase.regionserver.global.memstore.size.lower.limit×HBase_HEAPSIZE）。

一般推荐该配置的值与 hfile.block.cache.size 之和不能超过 0.8，也就是写和读操作的内存不能超过 HeapSize 的 80%，这样可以保证除读和写之外的其他操作正常运行。

（3）hbase.hstore.blockingStoreFiles 配置项（默认值为 7）

Store 的 StoreFile 的文件数大于配置值，则在刷写 MemStore 前先进行拆分或者合并操作，在此期间阻塞写操作。所以增加 hbase.hstore.blockingStoreFiles 配置项的值可以减低阻塞的概率。

10.4　合并调优

对合并参数进行优化，也是提高 HBase 性能的一个关键点。合并调优主要包含以下几点。

（1）hbase.regionserver.thread.compaction.throttle 配置项（默认值为 1.5GB）

hbase.regionserver.thread.compaction.throttle 配置项表示控制一次 Minor Compaction 操作时进行合并的文件总大小的阈值。合并操作时的文件总大小会影响这一次合并操作的执行时间，如果太大，可能会阻塞其他的合并或刷写操作。在生产环境中需要根据实际情况适当调整此配置项的大小。

（2）hbase.hstore.compaction.min 配置项（默认值为 3）

hbase.hstore.compaction.min 配置项表示当一个 Store 中文件超过该值时，会进行合并操作。适当增大该值，可以减少文件被重复执行合并。但是，如果该值过大，会导致 Store 中文件数过多而影响读取的性能。

（3）hbase.hstore.compaction.max（默认值为 10）

hbase.hstore.compaction.max 配置项表示控制一次合并操作时文件数量的最大值。与 hbase.hstore.compaction.max.size 配置项的作用基本相同，主要是控制一次合并操作的时间不要太长。

（4）hbase.hstore.compaction.max.size（默认值为 2.5GB）

hbase.hstore.compaction.max.size 配置项表示如果一个 HFile 文件的大小大于该值，那么在 Minor Compaction 操作中不会选择该文件进行合并操作，除非进行 Major Compaction 操作。该值可以防止较大的 HFile 参与合并操作。在禁止 Major Compaction 后，一个 Store 中可能存在几个 HFile，这几个 HFile 不会合并成为一个 HFile，这样不会对数据读取造成太大的性能影响。

（5）hbase.hregion.majorcompaction（默认值为 24 小时）

hbase.hregion.majorcompaction 配置项表示 Major Compaction 执行的周期。由于执行 Major Compaction 会占用较多的系统资源，如果正处于系统繁忙时期，会影响系统的性能。对于此配置项的调整经验如下：

- 如果业务没有较多的更新、删除或需要回收过期数据空间，建议设置为 0，以禁止 Major Compaction 操作。
- 如果必须要执行 Major Compaction 以回收更多的空间，可以适当增加该值，同时配置 hbase.offpeak.end.hour 和 hbase.offpeak.start.hour 以设置 Major Compaction 发生在业务空闲的时期。

10.5　WAL 调优

RegionServer 上有一个 WAL，数据会持续地默认写到这个文件中。WAL 包含了所有提交到 RegionServer、已经保留在 MemStore 中但是尚未刷写到 StoreFile 中的数据。这些在 MemStore 中尚未持久化的数据，在 RegionServer 发生错误时可以借助 WAL 进行恢复，WAL 能重现这些尚未持久化的数据的编辑轨迹。

当 WAL（HLog）变得非常大时，重现它的记录会花费非常多的时间。因此，我们需要限制 WAL 的大小，当达到限制大小时，就触发 MemStore 的刷写操作。当数据刷写到磁盘后，WAL 的大小就会变小，因为不需要再保存这些已经完成持久化的数据编辑记录。WAL 调优的配置项包含以下 3 点。

（1）hbase.regionserver.wal.durable.sync（默认值为 true）

hbase.regionserver.wal.durable.sync 配置项表示控制 HLog 文件在写入 HDFS 时的同步程度。如果为 true，则 HDFS 在把数据写入硬盘后才返回；如果为 false，则 HDFS 在把数据写入 OS 的缓存后就返回。把该值设置为 false 比设置为 true 在写入性能上会更优。

（2）hbase.regionserver.maxlogs（默认值为 32）

hbase.regionserver.maxlogs 配置项表示一个 RegionServer 上未进行刷写的 HLog 的文件数量的

阈值，如果大于该值，RegionServer 会强制执行刷写操作。

（3）hbase.regionserver.hlog.blocksize（默认值为 64MB）

hbase.regionserver.hlog.blocksize 配置项表示每个 HLog 文件的最大值。如果 HLog 文件大小大于该值，就会滚动出一个新的 HLog 文件，旧的将被禁用并归档。

hbase.regionserver.maxlogs 和 hbase.regionserver.hlog.blocksize 两个参数共同决定了 RegionServer 中可以存在的未进行刷写的 HLog 数量。WAL 的最大容量等于 hbase.regionserver.maxlogs × hbase.regionserver.hlog.blocksize，当达到这个容量时，MemStore 刷写操作就会被触发。因此，在调整 MemStore 的设置时，同样需要调整这些值来适应相应的变化，否则，WAL 容量达到限制而触发 MemStore 刷写操作，专门配置 MemStore 参数所增加的资源就可能无法物尽其用。适当调整这两个参数的大小，以避免出现这种强制刷写的情况。一般建议将 hbase.regionserver.maxlogs 配置项调整为 100，将 hbase.regionserver.hlog.blocksize 配置项调整为 128MB。

10.6　HBase 读取优化

作为 NoSQL 数据库，增删改查是其基本的功能，其中查询是最常用的一项。对于 HBase 的读取优化包括：

（1）显示指定列

当使用 Scan 或者 GET 获取大量的行时，最好指定所需要的列，因为服务端通过网络传到客户端，数据量太大就可能造成瓶颈。如果能有效地过滤部分数据，能很大程度地减少网络 I/O 的花费。执行如下程序代码：

```
Scan scan = new Scan();
BinaryComparator binaryComparator = new BinaryComparator("列名称".getBytes());
QualifierFilter qualifierFilter = new QualifierFilter(CompareOperator.EQUAL,
binaryComparator);
scan.setFilter(qualifierFilter);
ResultScanner resultScanner = table.getScanner(scan);
```

（2）关闭 ResultScanner

如果在使用 table.getScanner 之后，忘记关闭 ResultScanner，它会一直和服务端保持连接，资源无法释放，从而导致服务端的某些资源不可用。所以在用完之后，需要执行关闭操作。执行代码如下：

```
ResultScanner resultScanner = table.getScanner(scan);
int count=1;
for (Result result : resultScanner) {
    count++;
}
resultScanner.close();
```

（3）设置 Scan 缓存

HBase 中的 Scan 查询可以设置缓存，其方法是 setCaching()，这样可以有效地减少服务端与客户端的交互，更有效地提升扫描查询的性能。执行如下程序代码：

```
Scan scan = new Scan();
scan.setCaching(需要缓存的行数);
```